U0036396

# 家庭與健康
## *Families and Health*

*William J. Doherty*
*Thomas L. Campbell* 合著

郭靜晃／主編

張惠芬／譯

# FAMILIES AND HEALTH

William J. Doherty
Thomas L. Campbell

Copyright © 1988 by Sage Publications, Inc.

## ALL RIGHTS RESERVED

No part of this book may be reproduced or utilized
in any form or by any means, electronic or mechanical,
including photocopying, recording, or by any information
storage and retrieval system, without permission in writing from
the publisher.

ISBN:957-8446-54-3

Printed in Taiwan, Republic of China

Chinese edition copyright © 1998
by Yang-Chih Book Co., Ltd.
for sales in worldwide.

SAGE Publications
The International Professional Publishers
Newbury Park　London　New Delhi

# 致謝

感謝Richard Gelles邀請我們寫這本書,並在過程中給予即時和鼓勵性的回饋。亦感謝Lorne Becker和Geoffrey Leigh以及Patricia Tomlinson,在初稿時給我們非常有用的建議。Susan McDaniel早期提供協助和評論,使我們建立作品風格。Leah Doherty和Sally Trafton不斷的鼓勵和協助,我們由衷感謝。我們亦感謝默默奉獻的許多家庭,幾年來與我們分享其健康與疾病的寶貴經驗。這些故事會在本書中加以介紹。

# 郭　序

　　家庭是孕育人類生存與發展的溫床，亦是教育與養護兒
童的最重要熔爐。臺灣地區近幾年來的社會變遷十分快速，
例如經濟與社會的發展，這些快速的社會變遷，導致社會與
家庭在結構層面、功能與內涵皆衍生相當大的變化，家庭的
任何變動，都將對家庭的成員，尤其是依附家庭的兒童與老
年，產生鉅大的影響。

　　今日臺灣家庭人口一直在縮減中，核心家庭也成為我國
最主要的家庭結構，平均家庭所生兒童人口數為1.7口，婦女
出外就業大約占45%，造成雙生涯家庭；婦女平權主義升
起、教育普及、工作機會的獲得與經濟獨立，使得女性較勇
於對不滿意的婚姻訴求離婚，單親家庭因此而增多；此外我
國社會步入高齡化，老年的社會安全保障和其它社會適應措
施等，需求日益急迫，諸此種種皆指出未來家庭的組成將面
臨一些挑戰：家庭經濟，婚姻調適與自身安全保障，兒童、
老人照顧與青少年行為偏差等問題。這些問題的主要根源在
於家庭，無異乎，家庭一直是社會的最大支柱。家庭變遷是

不可避免的趨勢，人在社會變遷中產生許多多元的價值、各種不同形色的家庭共存於社會，由於這些不同背景的家庭持有不同的態度、行為與價值，因此藉著婚姻的結合，個人本身必須調適個人的行為與價值，才能維持家庭成員的和諧關係及家庭功能順利發揮，如此一來，家庭及個人的需求得以滿足並臻至幸福。

家庭一直是我們最熟悉的場所，而且是花最多時間在此生長、孕育、發展的窩，或抒解情感、避免人生衝突、挫折的避風港。而社會變遷的洪流導致傳統的家庭產生變化，這些變化是好或壞，是強或弱，則一直是見人見智的說法。但值得肯定的是，人類必須要重新面對這新的家庭觀念以及社會變遷下的家庭衝擊。這一切意謂現代人必須再一次學習家庭的意義、功能以及價值。

在學習的過程最需要有一套參考用書，可喜的是，Sage Publishing Company出版一套家庭系列叢書，此叢書專門探討與家庭相關的研究主題，是研修生活科學、生活應用科學、家庭關係、心理學、社會學、社會工作、諮商輔導及對家庭領域相關科系的學生修習家庭相關課題參考用書，此叢書含蓋的主題有家庭理論架構設計、家庭研究方法、家庭歷史、跨文化家庭比較及家庭生命週期分析；其相關的傳統主題，如約會、擇偶、為人父母、離婚、再婚、家庭權威；此外，也包含最近家庭熱門的主題，如家庭暴力、老年家庭、及為人父母親、不同家庭型態以及青少年性行為等。

藉由這些叢書，我們可以看到美國當前社會與家庭的變

遷以及社會變遷所衍生的家庭問題，這些對於臺灣學習家庭相關主題上是個很好的參考與啓示，更能呼籲「他山之石，足以攻錯」，所以讀者在研讀這些書籍時，可以將臺灣的經驗加以整合，使其成爲合乎本土現況的家庭叢書，並作爲預測未來台灣家庭可能轉變的趨勢，以作爲問題尙未發生時的預防策略。

　　此系列家庭叢書每一本皆是匯集美國社會現況所出版的專集，在國內卻因文字的障礙而不能廣爲推薦給國內有興趣的讀者，實爲國內推廣家庭服務的一大遺憾。現今，此套叢書版權已由揚智文化事業股份有限公司獲得，並由國內學有專精的人士來負責此套叢書的翻譯工作，希望此套叢書的出版，能爲國人修習有關家庭課程提供一套參考用書，更冀望此套叢書能帶給國內實際推展家庭服務的實務工作人員提供一些觀念的參考，願此套書能造福全天下的家庭，祝你們家庭幸福，快樂美滿。

郭靜晃

# 目錄

# 第一章
# 家庭與健康：介紹

　　一直到最近，可能有一些研究傳統家庭的社會科學者，數年來都沒有把家庭由個人所組成的觀念加以考慮。為什麼家庭生活的生物因素一直被大多數的家庭研究學者所忽略？

　　同樣地，醫學，有關診治人類疾病的科學，也易於疏忽病人屬於此緊密關係網一部分的問題。為什麼生物疾病的家庭因素一直被忽略，直到最近才有一些醫學的科學家加以重現？

　　這些問題的答案，在於西方世界所傳承的文化和科學上。在17世紀的前半世紀，笛卡特（René Descartes）發展出具有物理學和生物學機械模式的科學和哲學。根據笛卡特和跟隨他的科學家們，對所有自然界都能以物質和活動的機械名詞加以了解（Cohen, 1985）。雖然笛卡特個人相信人類精神或「靈魂」（soul）的存在，但他卻把人類的思考和感覺排除在科學領域之外。從這個觀點，人體是一部機器，可以和心靈及社會的互動關係分開來加以研究。那麼人類的心靈變成「機器裏的鬼魂」（a ghost in a machine）。

　　笛卡特哲學的現代後裔，被發現在醫學的生物醫學模式裏，如內科醫師George Engel（1977）的描述，生物醫學模式把心理和社會向度排除在科學與醫學實務的領域之外。所有的疾病只能以生物學的名詞解釋；例如，病毒或多變賀爾蒙。不需找尋心理和社會的因素來解釋為什麼人們會生病或健康。醫療專業人員變成專供驅使的生物學家：科學性地評估生物問題，再以醫藥和手術方法治療。在生物醫學模式裏，個人內在健康醫療保健的各種背景屬面，被摒除於科學領域之外。

　　假如現代醫學無法將病人的心靈和肉體同時並存視為一個完整的個體，則健康與疾病的家庭因素不被重視亦不足為奇。值得注意的是，在1980年代，已經有許多醫療專業人員對家庭與健康有著廣泛的興趣，尤其是家庭醫學、護理，和社會工作（Doherty, 1985）。每個專業團體有興趣參與家庭的研究，在本章後面會討論。

　　為何許多健康照護專業人員會發現或重新發現家庭的重要性？雖然沒有直接了當的答案，但有以下的影響因素：首先，醫學已經征服了許多數年來置人於死地的感染性疾病，現在已被和生活型態及社會環境有關的慢性病所占據。天花和肺結核就是典型的感染性疾病，醫學發揮很大的力量：發現病毒或細菌所引發的疾病，並發明了疫苗或抗體來加以預防治療。在1910年，100個死亡人數中就有60個人是因感染所引起，而現在感染性疾病約只占100個死亡者其中的6個（Glazier, 1973; Matarazzo, 1984）。現在的主要死因：心

臟疾病和癌症，是現代健康科學所面對新型疾病的例證。這二種疾病已不是單獨的原因所造成，而生活型態因素，如飲食、抽煙，則被認爲是這些疾病的重要原因。

因此，醫學的唯一生物焦點已不足以解釋更加複雜的慢性病，這種病會讓一些逃過死亡的、感染性疾病的人致病。生物醫學模式亦無法充分的幫助個人在多重健康指標上，修正其生活型態。事實上，就如同論述健康提昇及疾病預防的外科綜合報告（Surgeon General's Report on Health Promotion and Disease Prevention）所證明：「在美國的十大主要死因裡，至少有七個能夠實際的減少，假如人們能改善以下五種危險因素：飲食、抽煙、缺少運動、酒精濫用，以及抗高血壓藥物的使用（Califano, 1979, p.14）。

假如社會心理因素能開始用在探討一些疾病的成因上，則也能用在治療上。甚至當治療證明有效時，許多人仍不參與其中。最好的例子是：高血壓或特發性高血壓，雖然此種高度普遍和具有毀滅性疾病的原因仍然未知，但藥物已能有效的加以治療。然而國家心臟、肺、血液機構的研究總結（National Heart, Lung and Blood Institute, 1982）已經證實：大部分被診斷出患有高血壓的病人無法充分的服藥來控制血壓。此種普遍「不合作」的理由（「不合作」爲醫療專業人員使用的名詞），和改變此種現象的方法，正是目前當代健康科學所研究的方向。比起二十年前，很少研究針對此種健康醫療的社會心理基礎。

一旦疾病和醫療的額外重要因素，由生物學跳到生活型

態上，則健康與疾病的家庭因素成爲大開大門的焦點。爲什麼？一旦我們談到生活型態，及其相關的態度、信仰和習慣，則我們談到家庭。就如同預防醫學專家Tom Baranowski和Phillip Nader（1985）已指出，家庭是小孩時期健康相關行爲成形的地方，並經由成人時期加以培育出來。舉個例，像是抽煙，可能是最普遍的致命健康行爲。如果雙親都抽煙，則小孩抽煙比率就多二倍；反言之，如果雙親都不抽煙，則小孩就有二倍的比率不抽煙；如只有一個家長抽煙，則小孩抽煙介於二者之間（Nolte, Smith, and O'Rourke, 1983）。再者，假如父母對子女抽煙都不反對，則其子女抽煙比率是反對者的5倍。

此外，社會愈來愈關心醫療費用的提昇也導致人們重新認識家庭在健康照護的重要性：即自從1960年代，社會開始關心健康醫療費用不斷增加，尤其是醫院機構中長期的醫療費用更是頭痛。費用相關問題伴隨快速成長的老年人口，一群尤其最需要長期照顧的人口，刺激醫療人員、研究人員，以及政府相關單位，去尋找一些方法以支持家庭，並且把個人留在家中做長期的照顧（Lave, 1985）。1980年代AIDS（愛滋病）的傳染和流行，也刺激人們對於把病人留在家中照顧的經濟利益之覺醒。

# 生物心理社會模式

　　健康科學的研究人員，經由現實問題的刺激：那就是——人與人之間的互動問題在健康和疾病上扮演重要角色，而開始採取George Engel（1977）生物心理社會模式的靈感。Engel提出，醫學廣泛的科學模式也要同時含蓋生物、心理和社會問題，生物學的各種因素是發生在一個完整靈肉組合體的人類上。肉體影響心靈，心靈影響肉體，使得二者無法單獨發生作用。再者，人類存在家庭與其它社會團體中，才能有更多的環境去了解個人。家庭影響個人的健康，而個人的健康亦影響家庭。類似的動力亦發生在家庭與更大社會單位的關係，如社區。名為「一般系統」（general systems）的工作網絡體系，Engel的生物心理社會模式清楚地排除單一原因／單一疾病／單一療法（one-cause／one-disease／one-treatment）的方法，來為影響健康、疾病和健康照顧的因素謀福利。

　　這種生物心理社會模式，亦刺激當代研究關於心理社會壓力如何影響生物學的過程，如免疫系統（Borysenko and Borysenko, 1982）。這種模式和機器與心靈過程完全無關的看法有所不同，肉體完全參與心理社會經驗之間的聯繫——如對喪親的反應和失去工作的反應——，以及身體如何製造細胞以抵抗感染的改變（參考第三章詳細討論）。雖然

生物醫學模式仍然是醫學的主要領域，也主導政府對研究預算的支持，但起源於生物心理社會模式的科學工作仍漸漸地占有一席穩定成長的地位 (Doherty, Baird and Becker, 1987) 。

　　生物心理社會模式也暗示另一種醫療人員與病人之間的新關係。以前生物醫學模式培養出一種獨斷的照顧病人方式：像是他們認為專業人員懂的最多，所以病人的工作就只能是依照指示。而另一方面，生物心理社會模式，強調專業人員、病人與家屬三者權力平分。健康照顧的事情，尤其是慢性病生活型態的問題非常重要，最好是由專業人員、病人、和家屬及其它重要團體，例如保險公司團隊之間，大家不斷交換意見和專業知識，以取得彼此了解。此種生物社會心理模式的策略，事實上，可能會如同科學一樣，具有其革命性 (Doherty et al., 1987) 。


# 健康照護專業人員與家庭的關係


　　在一些健康照護領導者不斷地質問生物醫療模式假設的同時，家庭治療和家庭系統理論也開始在心理健康醫療上做努力。例如，Engel從相同的一般系統工作網絡做起，在1960年代和1970年代間，家庭治療師們證實了新的方法：從家庭環境，去了解個人的行為及發展。一樣地，美國在第二次大戰之後，也目睹家庭社會學的蓬勃發展。尤其具有影響力的

是，家庭社會學家Reuben Hill（1949）早期從事家庭壓力的工作，從對家庭治療及家庭社會學方面的探討，來引起1970年代健康專業人員對於家庭醫學、護理，和社會工作這三種領域的興趣與重視。在1960年代以前，以家庭為中心的健康照護被孤立，但就如同心理學家和家庭治療師Donald Ransom（1981）所指出的，在1960年代以前的做法沒有捉住健康專業主流的重點，而直到1980年代家庭重新才開始。

家庭醫學一直到1969年才被一般醫師所採用。經由聯邦和州政府積極推廣來解決不完整、沒有人性的醫療問題。家庭醫學從一開始就對家庭抱持著很大的期望，希望能為健康照護方面提供更好的方法。因此，變成了第一個美國醫療特性，就是更清楚的強調家庭和健康問題。然而，這個理想難以付諸實行。只有在1980年代實質的醫療文獻，建立在以家庭為中心的基礎上，並在此基礎上快速執行家庭醫學。明顯的例了，例如，由家庭心理醫師和家庭治療師Christie-Seely（1984）、Doherty和Baird（1983, 1987）以及Henao和Grose（1985）等人所寫的書。另一方面，從家庭醫學一開始，有關家庭與健康的研究，就已經注意到諮詢的重要性，另外，根據家庭醫師Larry Culpepper和Lorne Becker（1987）所指出的，家庭醫學的學術研究中心正開始對家庭與健康領域做有意義的研究貢獻。

「護理」有史以來便對病人在社會脈絡的「病人整體性」（whole patient）有著極大的關注（Newman, 1983）。此外，致力於長期提昇健康領域，而更加關心健康

與疾病的家庭因素。這對居家護理的護士們尤其正確。雖然
護理對家庭問題默默的努力長久以來就已存在，但只有在最
近的十年，由於家庭系統理論的影響，護理才開始明白地對
家庭的強調。在1984年，第一本被護理工作採用的家庭系統
理論的教科書，它由二位家庭治療護理師所出版：Lorraine
Wright和Maureen Leahey（1984）。家庭健康護理在全國
家庭關係會議上居領導地位，並不斷地闡釋護理科學和臨床
任務應用於家庭醫學健康照護上（Gilliss, Highley, Rober-
ts, and Martinson，印行中）。

　　社會工作針對健康照護，一直把其任務定義在處理有相
關病人的社會及環境壓力。然而，從1920年代到1970年代，
社會工作一直缺少對家庭的強調（Hartman and Laird,
1983）。在這段期間，社工人員傾向於將自己定位在服務個
人（經常從心理分析的模式），以及其機構組織所工作社區
的中介。只有在1970年代家庭系統理論和家庭治療的顯現，
社會工作才能重新強調家庭的健康照護（Hartman and
Laird, 1983）。

　　因此，1980年代已經有三個有力的健康專業團體對於家
庭開始積極關注：這三個團體包括有：家庭醫學、護理及社
會工作。如Doherty（1985）所寫：此一共同興趣呈現出許
多共同研究和工作的可能性——也等於許多專業共同來面對
問題共同奮戰的可能性。家庭健康領域有賴於這些有力的專
業團體致力於新知識的追求和更好的臨床工作。

# 社會／行為科學與家庭健康

在健康照護專業的團體發現或重新發現家庭以前，社會學家和人類學家已經創造了相當可觀的，有關家庭和健康照護的文獻（參閱由公共衛生學者Theodur Litman在1974年所發表的「總覽」）。此研究集中於四個主要理論：家庭對健康照護的接受、家庭是疾病的團體、家庭對病人的支持及疾病對家庭的衝擊。重要的是此研究尚無法捉住健康保健專業的精神。主要原因之一可能是很少針對臨床疾病研究其家庭的影響，而更少有以家庭觀做為幫助臨床設備上治療及預防疾病的努力。換句話說，因為社會學和人類學的傳統，只強調生物社會心理模式中的「社會心理」部分，而沒有統合「生物」部分，又因為這些傳統只注重「描寫」家庭的形式，而不「介入」，所以其對臨床的研究和工作就受到限制。

家庭治療和家庭系統理論比傳統的社會科學更少有文獻的發表，但對臨床的介入則較為明顯。再者，家庭治療師經常在醫療中心工作，那裏又是臨床研究和實驗的地方。在1970年代的晚期有二項發展，更預先顯示美國於1980年代對「家庭系統醫學」有極大的興趣。第一是家庭治療的先驅John Weakland的論文有關「家庭本體」（family somatics）（Weakland, 1977）。第二是費城兒童臨床指導（the philadelphia Child Guidance Clinic team）小組：

Salvador Minuchin、 Bernice Rosman和Lester Baker
(1978) 的研究工作，他們發現與壓力有關的血液指標，能
分辨出具有身心症糖尿病兒童的父母和其它疾病兒童的父
母。第三，如同更多家庭治療師開始從事於家庭醫療環境上，
有更多的護士接受家庭系統理論的訓練，並對結合生物學和
家庭系統知識的生物心理社會發展，產生濃厚興趣。尤其在
1984年《家庭系統醫學》 (*Family Systems Medicine*) 雜
誌中更可發現，此一興趣已達到最高點。因此，在1980年代
中期，家庭治療也開始往這方面研究，試圖將自笛卡特以來，
在健康保健專業領域備受爭議的靈肉分離的現象結合，將身
心合一的來探討家庭系統。

　　最近，美國心理學在健康與疾病的家庭因素上，有更多
的發展興趣。從1970年代中期有關健康心理學和行為醫學的
許多文獻，集中於個人行與介入個人之中。尤其心理學家在
研究心理社會壓力對生物學過程和疾病的影響，具有領導地
位 (Jemmott and Locke, 1984) ，而在病人配合醫藥處方
的相關因素研究上，亦具有重要地位 (Dunbar and Stun-
kard, 1979) 。一般而言，在北美，健康心理學已正發展成生
物社會心理模式，而非生物——心理——社會模式。然而在
最近的活動顯示，健康心理學也在家庭領域上擴展其規模。
在第一本與傳統健康心理學有關的家庭與健康的出版品上，
Dennis Turk 和 Robert Kerns (1985) 所寫的有關其進
展：從個別健康心理學焦點到加入家庭的觀點。這段文章述
及其許多專業經驗：

在我們從事慢性病的調適工作上，發現對家庭的關注增加，不論是在健康和疾病的角色發展及維持上，或是在治療和復健功能的角色上，二者都是。當我們對家庭為中心角色的興趣增加，則許多其它領域的結果亦有類似結論〔Turk and Kerns, 1985, p.xii〕。

最後，我們必須對精神醫學說一句話，在1950年代家庭治療的興起，精神醫學在1970及1980年代，已更傾向於生物學的導向。這是相當諷刺的，因其它學科都更加傾向以廣泛為導向。甚至在1980年代生物精神醫學的主流，可看出不斷形成一致及控制良好的研究：負面的家庭情緒互動容易導致精神分裂症。再者，精神病醫師Ian Falloon和其同僚 (1984) 提供證據顯示：社區精神分裂的治療與家庭治療結合的效果，比傳統的醫學與個人心理治療結合的效果更好。因此，雖然在某方面對於家庭互動可能引發精神疾病，而受到排斥；但是某些家庭行為模式已開始被認為可以預防精神分裂病人出院後的再復發。

總之，許多焦點似乎結合了家庭與健康。無數主要健康照護專業領域顯示對家庭有更大的興趣。社會學和人類學持續其對歷史的興趣，現在更受到廣大有興趣的讀者的支持。健康心理學家是早期家庭引入探討的專業，然而我們也發現到，精神醫學專家亦開始從純生理的觀點加入家庭因素的考量！

# 家庭科學與家庭健康

「家庭科學」（family science）是用來描寫家庭領域間互相關聯的新名詞。直到1980年代，家庭和健康問題仍然不是家庭科學業者們活動的主要領域。著名的家庭科學手冊（由社會學家所編寫），很少提到健康與疾病的問題（Burr, Hill, Nye, and Reiss, 1979; Christensen, 1964）。當然，也有例外，包括了先驅工作社會學者Marvin Sussman（1976）和Lois Pratt（1976）。但是，大部分家庭成員的生理健康沒有明顯接受家庭科學的治療，直到家庭壓力和適應研究學者，如Hamilton McCubbin和Joan Patterson，在明尼蘇達大學開始使用他們的模式於慢性及嚴重病患和其家屬（McCubbin et al., 1980; Patterson and McCubbin, 1983）。這種轉變受到相當可觀的支持與跟進，精神科醫師David Reiss和Peter Steinglass及他們的同僚在華盛頓大學，將注意力轉移到家中的慢性病人（Reiss, Gonzalez, and Kramer, 1986）。此一發展在健康專業團體中大開其門戶，讓家庭研究人員也參與臨床研究。

在1980年代早期，在全國家庭關係會議（the National Council on Family Relations）中對家庭與健康的「焦點團體」（focus group）誕生，接著在1984年建立了一個家庭與健康的預備區段。1985年1月NCFR雜誌《家庭關係》發

表了一個特別主題「家庭與健康照護（The Family and Health Care）」（Doherty and McCubbin, 1985）。因此，在1980年代家庭科學快速地把基本發展朝向家庭生活的健康與疾病的各個層面。此發展尤其受到護理研究人員的重視，他們開始積極地與圍繞在家庭與健康研究有關的家庭科學家們的交流上（Murphy, 1986）。

# 本書的目的

我們知道這是第一本介紹並總覽家庭與健康領域，給各種學科的讀者的書籍。讀者的範圍從主修家庭科學的研究生，到從事健康照護的專業人員及研究學者皆有，所以，我們同時致力於三方面的努力：第一，儘量避免使用專業名詞；第二，儘量以深入淺出的方式，討論實際的問題來證實理論及發現，而不是大量引證家庭和健康有關的文獻；第三，綜合研究和理論，並提出案例及建議方法。我們全面性的目的是使在此領域的經驗學者們能因本書的創意而受惠，但對非本行的讀者而言也是相當簡單而有趣的。雖然在最後一章我們將討論很重要的家庭與健康研究方法論，但本書的規模沒有詳細的個人研究之方法論批評文章。

在健康與疾病的全部領域中，我們只選擇強調本書以主要的生理疾病為描述對象（當然，從生物社會心理的觀點，所有的疾病都是包含生理和社會心理）。做這樣的決定大部

分是因爲心理疾病的家庭因素，較爲一般學生和學者所熟知，且文獻也較多；身體疾病的家庭因素文獻則較少，也較不爲人知（Campbell, 1985）。再者，1980年代對家庭與健康重拾起的興趣，集中在所謂的生理疾病上，以前主要是從生物醫學模式和個人心理模式的觀點來研究。由於這些原因和空間限制，我們無法深入討論一些重要的健康問題，如酒精中毒、憂鬱，和精神分裂。

當討論關於家庭健康的臨床問題時，我們謹記在心的是在健康醫療界與家庭接觸的專業人員們的所屬範圍。我們強調的是在醫療界與家屬接觸的第一線專業人員，而不是由基本專業人員轉介家庭給治療師，和其它特殊社會服務專業人員。因爲許多家庭的臨床問題直接與許多專業學科有關，所以經常採用總稱的名詞「醫療人員」（clinician），而不是採用專屬於某一門的名詞，如：醫師（physician）、護士（nurse）、醫師助理（physician assistant）、物理治療師（physical therapist），或營養師（nutritionist）。我們試著從健康專業人員不同的工作中，採用個案討論。然而，讀者必須了解，我們的經驗主要是在家庭醫療設施。其它領域的專業人員可能希望把本書中的一些臨床討論的特殊文獻，增加到他們自己的領域去。

最後，「家庭」，我們的意思是什麼？如同家庭科系學生們所知道，沒有普遍對家庭科學的家庭定義有一致的認同，健康領域都是一樣的。事實上，家庭可包括很久以前已過逝的祖先所遺傳下某種基因到現在這一代，或只是目前的

成員，可互相傳染病毒的家人。從一個健康專業人員的觀點（與臨床有關的家庭，依其健康問題的不同）：可以從一個室友煮雞湯給一個感冒的病人喝，到全世界的小孩及兄弟姊妹們決定送一位老人住院，或給一位臨終病人生命支持系統，甚至到一位同性戀者照顧一位患AIDS（愛滋病）的伴侶都可以算是。然而，在本書中大部分的研究所指的家庭或家屬，都是與病人有血源、婚姻，或收養關係，並與病人的健康有重大關聯者（Campbell, 1985）。

下一節要討論的是本書所使用的模式。

## 家庭的健康與疾病週期

家庭與健康領域的學術文獻已有大量且多方面的成長。這種情況在1974年就已如此，當時Litman出版了古典的家庭與健康文獻總覽（Litman, 1974）。在1980年代中期，當健康專業人員及家庭研究學者「發現」了家庭以後，有關的文獻就呈倍數的增加。許多研究出版品是有關多數疾病的家庭護理，及其對多數疾病過程的衝擊，或有關運用家庭於健康保健上，以及其它無數的主題。「家庭的健康與疾病週期」是為給予一些觀念性的制度於此巨大文獻中。起初由William Doherty發展出來，主要是針對「家庭關係」的問題（Doherty and McCubbin, 1985），而本書再加以改良。

「家庭的健康與疾病週期」（the Family Health and

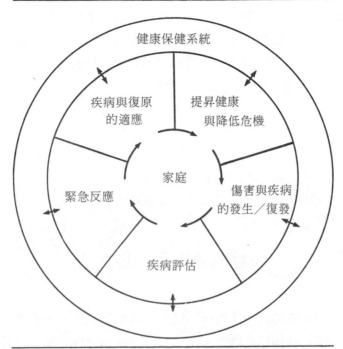

圖1.1　家庭的健康與疾病週期

Illness Cycle) 有二大目標：第一，把家庭與健康的文獻加
以整合、分類，以使各不同領域的研究互相補充。第二，對
健康與疾病的家庭經驗建議一速成的方法。此外，此家庭與
健康照護系統的雙向指標，代表家屬和健康專業人員間，與
廣大健康保健系統間，不斷的互動。討論開始是先解釋有關
的分類，接著是此模式的簡單介紹。

　　圖1.1，以順時鐘方向：開始「提昇家庭健康與降低危機

(Family Health Promotion and Risk Reduction) 」。
此項有關家庭的信仰與活動，幫助家人透過避免一些引起疾病的行為，以維持健康；並鼓勵參加有益身心健康的活動。此項也可以說是與生活型態問題有關最簡單的部分。均衡的飲食和規律的運動，是有助於提昇家人健康及幸福的最好例子；另外，抽煙則是典型會引起各種疾病的一種行為模式 (National Center for Health Statistics, 1984) 。

　　和提昇健康關係密切的是降低危機的觀念。而家庭是主要降低危機活動的焦點，許多要改變的行為都是長期在家裏學習成形。「美國醫學會科學事務會議 (the Council on Scientific Affairs of the American Medical Association) 」 (1983, p.1877) ，在一項敍述裡提到象徵性的家庭意識覺醒對健康行為的影響，並對有關降低血膽固醇和高血壓做了以下建議：

　　　　家庭的參與有助於飲食課程的加強，因為許多高
　　　血脂症是在家中造成的，而且飲食的安排也是一種
　　　家務事，所以一個好的個案可以讓病人全家都採用
　　　飲食建議。

　　總之，「家庭健康提昇與降低危機」和廣大的活動有關，家庭有助於促進健康行為及避免危險行為。當然，家庭不會參與跟健康保健系統無關的活動，和社會的其它部分。家庭可經由媒介，受到健康專業人員的影響，或其它參考團體的家庭經驗的影響。例如，一種癌症危機的專業覺醒，可

以充分滲入社會中，領導家庭改變其健康信仰和實踐。

　　本書第二章將討論「促進家庭健康與降低危機」，參考美國主要死因之一：心臟血管疾病。

　　下一個分類，「家庭傷害與疾病產生（Family Vulner-ability and Disease Onset）」，有關家庭的生活事件與經驗，其家庭成員也易受影響而生病，或容易使慢性病復發。這裏的主要觀念是與內在或外在條件有關的家庭壓力，易於引發家中某個人生病。例如，小兒科醫師Robert Haggerty和其同僚發現，細菌性喉嚨感染小孩，是家中壓力事件的最先受害者（Meyer and Haggerty, 1962）。紐西蘭兒科小組Beautrais、Fergusson和Shannon（1982）報告家庭生活壓力事件對看醫師和住院比率影響極大。

　　除了新疾病的發生外，此分類和慢性病（已控制）的再復發有關。有一例子是家庭因素容易造成青少年精神分裂症的再發，如心理醫師Jeri Doane和其同僚（1985）的文獻記載。事實上，許多慢性病，如糖尿病和多發性硬化症是容易復發的代表病症。

　　在「家庭傷害和疾病的發生／復發」我們選擇爲例的主題是喪親，這是人們明顯經驗中，很容易受疾病侵襲。

　　「家庭疾病評估（Family Illness Appraisal）」是關於家庭對於疾病的觀念和家屬決定如何處理疾病。社會學和人類學對此有相當豐富的研究傳統，證明家庭在個人生病時所扮演之角色，如決定是否要找醫師看病，或由家人或家庭的一些外行消息網來支援，此領域由醫師兼人類學家Leon

Eisenberg and Arthur Kleinman (1981) 所研究。

　　在評估疾病事件，家庭有其自己的一套方法，這一套方法可能和專業相符合，也可能會離的非常遠。同樣地，家庭在利用其健康保健服務資源上，也大不相同。此分類「家庭疾病評估」包括研究：爲什麼有些家庭在處理同樣的病時，會把病人送到醫院，而有些則在家中處理 (Gottlieb, 1976) 。當然，這些決定也可能受到健康醫療對家庭是否方便及可行的影響。所以家庭健康信仰及家庭的決定，二者的形成都在與健康醫療系統的互動中，如圖1.1所示的外圈。

　　家庭疾病評估，在第四章中將舉一個例子，討論父母爲何決定把生病的小孩送到醫院。

　　「家庭的緊急反應 (Families' Acute Response) 」是有關疾病對家庭所產生的立即後果。這與家庭的疾病評估有密切關係；如對疾病事件反應有多早，則受家庭認爲其有多嚴重的影響，也受家庭接受醫療資源是否充足的影響。緊急反應階段牽涉到家庭必須做立即的調適，例如，有一位因心臟病而住院的病患其全家的調適情形。當疾病已經沒有辦法醫治或有生命威脅時，這就是Hill (1958) 所指的：在強大壓力事件之後的「危機」時期：當這個家庭無法再以正常的適應型態處理新的要求時，就會承受一段分裂期間。對一些比較不嚴重的問題，家裏的緊急反應可能只限於某個人留在家裏照顧病人的生活起居；而對一些較嚴重的問題，家庭的緊急反應可能是召集全家人，守在病人的床邊。總之，在疾病發作之後，到家庭每日生活型態穩定下來之前的這段時

間，在此模式中，被描述爲「家庭的緊急反應」。

在此分類中，被選爲討論的例子是威脅大部分美國家庭的疾病：癌症。

「家庭的健康與疾病週期」這章中最後的分類是「家庭對於疾病和復原的適應（Family Adaptation to Illness and Recovery）」。這關於家庭如何面對一個慢性病人或有缺陷的家人，做重新整合，及家庭適應家人病後復原的方式。有時，家庭困難的目標是促進病人的持續復原或穩定，以維持其在社區的地位。在慢性病中，家庭也必須處理與健康專業人員、其它社會單位，如保險公司、政府機構等之間長期而又複雜的關係。此一階段的適應過程，最爲家庭與健康領域的文獻所討論。

本書第六章所列舉的糖尿病，則討論家庭對於疾病與復原的適應之相關主題。

我們發現「家庭健康與疾病模式」，對於安排現在的家庭與健康研究文獻，使之成爲有意義的分類，是相當有用的。除此重要功能以外，此模式亦呈現家庭對疾病經驗的短暫後續結果。此舉心臟病發作爲例，此病是根源於冠狀動脈疾病。此疾病的進展，可以看到其在家庭中，透過長期健康提昇和危機降低階段，並受到家庭相關行爲影響，如飲食、運動，及壓力。接下來，更短階段——傷害與疾病發生——當有一連串的生理和社會心理壓力加諸於家中一成員，而加速其心臟病發作時，此階段就產生。例如，鏟除雪道，或與家人爭吵。則家庭必須評估病人的症狀，以決定是否尋求專業協助，

並對專業人員的診斷和治療計畫加以評估。在此家庭對疾病的立即評估之後（及其持續的評估過程），家庭便開始經歷其緊急反應。這有如從情緒反應，如害怕、休克，到行為反應，如花許多時間在醫院，或和其他家人或朋友討論。此時家庭處於實行的緊急模式。最後，在心臟病發作之後，病人穩定下來，回家復健；此時家庭又面臨疾病和復原的適應階段。而終於，暫時，家庭角色必須重新協調，而復原的病人不是重新回到原來的角色，就是發現另一重新角色。此週期循環可視為一個家庭在不斷心臟病發作中，在健康提昇和危機降低階段，又開始其減低危機的週期（第七章會有詳細討論冠狀動脈心臟病的完整週期）。

　　家庭的健康與疾病週期，可以幫助我們了解一個家庭所經驗疾病的始末。這種短暫的型態有助於醫療及研究人員的追蹤方式；因為大部分研究只檢視家庭在一個特定時間，最常見的是在疾病和復原的適應期，研究和醫療人員尋求了解家庭目前的功能，從而獲得有關早期家庭如何處理的模式。例如，有癌症病人的家庭，在緊急階段，可能切斷所有的社會支援，或對於病情預測相當的不樂觀，這些都是根據以往家庭對癌症的經驗。因此家庭的健康與疾病週期，可用來指引醫療和研究人員，去探測家庭以前對相關疾病的經驗，從而找出家庭目前經驗的來源。

　　然而，因為只集中於家庭對某種疾病的經驗，此工作網絡沒有掌握包括很多種疾病中家庭成員的完全動力；例如，一個家庭可能處於家中父親心臟病的調適期，以及母親剛被

診斷出風濕性關節炎的疾病評估期。此種模式既無顯示家庭與其它社會團體間互動的重要性，也沒有表現出家庭一般功能的程度——例如其團結與適應能力（Olson, 1986），或其一般解決問題的模式（Reiss, 1981）。這些家庭生活的因素可能影響一個家庭如何去磋商以度過家庭的健康和疾病週期階段。最後，在劃分家庭健康經驗的大餅上，此模式把發生在同一些時間的某些狀況，分成時間區段的家庭過程。例如，在緊急情況，家庭在評估這些病狀的同時，經歷到強烈的緊急反應（如：害怕、恐慌）。因此，家庭的健康與疾病週期試圖選擇某些家庭所經歷疾病的重要面貌，而不可避免的也要遺漏一些其它問題。這種工作網限制的表白並非道歉：在我們知識所能及的此一階段，一個完全包含的模式可能不適合，而且也可能誤導。

最後，在圖1.1的週期描述中，試圖反映家庭和健康醫療系統普遍的互動。週期中的每個階段，如箭頭所示，家庭受到醫療機構，和其它社會機構中工作的健康專業人員的影響。從出生到死亡，家庭不可能在做某些重要的決定，而不受到代表大多數的健康專業人員之期待的影響，例如，打預防針、學校身體健康檢查、檢疫、生產，及照顧家中臨終的病人。在較少直接管道下，北美當代的家庭仍持續受到醫藥當局健康專業人員的指示，行使其健康與疾病的措施。然而，健康專業人員傾向於把焦點集中在家庭的健康與疾病週期的不同次元中：醫師傳統上傾向於強調傷害與緊急反應階段（家庭醫學正試圖突破此一界線範圍），而護士則傾向於強

調健康的提昇，疾病的評估，和適應階段。健康專業人員過度特殊地強調某些因素，可能導致整個長期疾病過程，對家庭服務的不連貫。

影響的箭頭亦從家庭指向健康保健系統。家中有常見造成殘障的疾病，例如亞海默（老年癡呆症）（Alzheimer）疾病的病人，或膽囊性纖維病變的病人，通常易於和研究人員團結在一起，並堅持從醫療系統中獲得最妥善的照顧。家庭會透過其自助團體去向其他家庭求助，有時當被認為無效時，會迴避醫療體系的干預，一項甚至更遠的家庭影響實例是普遍允許家人參與生產過程；這項發展是由家庭開始，而不是婦產科。在此以消費者為導向的1980年代健康醫療競爭市場，家庭影響其自身健康保健的機會已經提昇。

另一圓圈可以加到圖1.1裡，代表社會的其它部分，這部分以多種管道和健康醫療體系接觸。許多學者，如社會學家Paul Starr（1982）相信，在1980年代健康醫療體系中會有戲劇性的改變——如HMO$_s$預付系統的興起，及醫療機構所有權的合併增加——顯示廣大社會對醫療體系過剩的一種反應。為了使本書的模式和範圍可以控制，我們將不討論家庭健康的社會層面。我們的焦點集中在家庭如何經歷疾病，和與醫療專業人員的關係。然而，我們要提醒讀者，廣大的社會力量時時地與每個家庭經驗的健康、疾病，和醫療有密不可分的關係

# 問題討論

*1.* 你同意西方文明已經有身心分裂的現象嗎？這有反映在現代科學結構中嗎？你又如何解釋此一現象？

*2.* 假如健康照護專業人員開始認眞的把家庭列入照顧方案之中，他們在對家庭的照顧上，與對病人照顧上有何不同？

*3.* 拿一個你家曾經歷過，是你所熟知的疾病爲例，透過家庭的健康與疾病週期，追溯它的發展。

# 建議讀物

Doherty, W. J., & McCubbin, H. I. (Eds.). (1985). The family and health care [Special issue]. *Family Relations, 34,* 1.

Turk, D. C., & Kerns, R. D. (Eds.). (1985). *Health, illness, and families: A lifespan perspective.* New York: John Wiley.

Wright, L. M., & Leahey, M. (1984). *Nurses and families.* Philadelphia: F. A. Davis.

# 第二章
# 提昇家庭健康與降低危機

「我們正以自己忽略的習慣慢性自殺」
　　——以上是美國健康、教育、福利部秘書：
　　　　　　Joseph Califano (1979) 所說的名言

　　人類在防禦外在健康與長壽的天敵上，已做了相當可觀的進展，如曾殺死數百萬人的大瘟疫，及侵入人體早期的各種細菌；在現代的美國，已能用預防注射，改善衛生習慣，和用抗生素來加以控制疾病。可是相當諷刺的是，我們自己的生活習慣，是現代人疾病和早死的來源。二種與生活型態有關的疾病：心臟血管疾病和癌症，目前約占美國75%的死亡率。整體而言，聯邦政府已經預估，在美國占一半的死亡率，是由於不健康的生活型態所造成 (U.S. Department of Health, Education, and Welfare [DHEW], 1978)。

　　為呼籲「關懷健康的第二次革命 (second revolution in health care)」，美國健康人雜誌 (*Healthy People*) 的一篇專題報導：「健康提昇以及疾病預防」 (Califano,

1979），特別致力於預防早期死亡率和發病率。其結論包括
六種生活型態的改善，可實質減少每年的早期死亡數目：(1)
不要抽煙；(2)減少酒精濫用；(3)溫和地改變飲食，減少攝取
過量的卡路里、脂肪、鹽和糖；(4)適量運動；(5)定期健康檢
查（依性別、年齡決定期間），早期發現疾病，如高血壓、
癌症；(6)嚴格遵守交通規則，並繫安全帶。

　　在這一章我們將探討有關美國死亡率第一的心臟血管疾
病上，家庭對其影響的實際例證。另外，也將探討圍繞在生
活型態問題四周的健康照護專業人員、病人和其家人之間的
互動關係。最後，將提供醫師、病人和家人在健康提昇和危
機預防上的各種建議。


# 家庭對心臟血管疾病的影響


　　因為心臟血管疾病經常發生在正值壯年的中年男女身
上，而造成整個社會的一大衝擊。根據統計，約有50%的心
臟疾病是來自於生活型態因素，如抽煙、飲食，和缺乏運動
（Dever, 1980）。自從1960年代，有一個主要的公共健康運
動，它是針對心臟血管的危險因子而發起，結果非常戲劇性
的造成心臟疾病和與心臟有關的疾病大幅降低（Califano,
1979）。

　　心臟血管疾病的主因乃是血中含有過量的膽固醇（高血
膽固醇）、吸煙、肥胖、缺乏運動、高血壓、糖尿病，及家

族中的心臟病史。以上的主因，除了最後一個外，都能藉由
生活型態的改變，而獲得改善。飲食習慣的改變，可以降低
血中膽固醇的濃度，並減輕體重。大部分成年發病型的糖尿
病導因於肥胖而胰島素降低，可由減輕體重來加以治療。減
輕體重和限制鹽分的攝取，可降低血壓。甚至控制輕微的高
血壓，可以降低心臟病的發作和中風事件。另外，適量的運
動（每天20分鐘，一週三次），亦能大大減少心臟疾病，延
年益壽。

　　雖然，絕大多數證據都顯示降低行為上心臟血管疾病危
險因子的種種好處，然而這些行為上的危險因子仍普遍存在
於美國社會中（Califano, 1979）。根據1985年，由國家健康
統計所做的一項「健康提昇以及疾病預防」的調查顯示
（1986），雖然大家都知道抽煙的害處，但在十個美國人中，
就有三個吸煙人口。另外，也只有不到一半的成年人有保持
經常運動的習慣。這些習慣已經深植於我們的日常生活當
中，個人的力量是很難改變的。下一節要探討這些高危險行
為的家庭因素。

## 家庭中危險因子的共通性

　　有許多研究，如在1982年一項由預防醫學研究學者
Thomas Baranowski和其同僚所做的研究，根據文獻記載
顯示：家庭中心臟血管危險因子有著高度的共通性；那就是
家庭中的成員都樂於分享此一相同的危險因子，而不願意去
做改變。這點尤其像吸煙、肥胖、高血膽固醇都發生在二夫

婦間或父母子女間的實例，更為真實。著名的Framingham研究心臟疾病的發展發現：夫妻間有共同的高血壓、膽固醇、三酸甘油脂、血糖、抽煙、及肺功能等項，比預期的還要高 (Sackett et al., 1975) 。其顯示家人在一起生活，無形中共同分享心臟疾病的危險因子。

對此一發現，有許多解釋，最主要的是家中的成員影響成員彼此之間的健康習慣。家人經常吃類似的飲食，因此，造成鹽份、飽和脂肪、膽固醇，甚至卡路里的攝取量相近。如果父母有吸煙，則青少年的孩子更容易學會抽煙 (Bewley and Bland, 1977) 。強調身體健康和維持理想的體重，經常也是一家人共同分享的價值。

遺傳學上的因素也可能扮演一個危險因子，造成父母與孩子之間相類似。在最近一項有關收養孩童肥胖研究上，Albert Stunkard和其同事發現，大部分肥胖的孩童是由於遺傳基因所造成。其它研究也證明家庭的環境也是重大的原因 (Garn et al., 1976; Hartz et al., 1977) 。一項對雙胞胎的研究顯示，大部分的膽固醇值相近是由於環境所造成，主要是有相似的飲食 (Feinleib et al., 1977) 。

夫妻間有類似的危險因子的另一個解釋是：在結婚前可能已有這些特徵。抽煙的人傾向於和抽煙的人結婚；找結婚對象時，有意或無意之間，也會基於有共同的飲食習慣而結合。就此點上，Framingham的研究並沒有發現，夫妻之間在歷經一段相處的時間後，其危險因子的共通性有增加的情形，這說明了這些共同點存在婚姻生活中 (Sackett et al.,

1975）。

　　無論此家庭健康危險因子的共通性原因爲何，它給了健康照護的提供人員一些重要的訊息。如果一個家中有人具有特別的心臟血管危險因子，則其他家裏的成員可能也會同時具有。所以，針對一家人而設計的處理方法，比只針對個人還要來的經濟有效。當然，如果是一家人所共有的行爲，那就很難去改變。假如家人中有多人抽煙，則很難戒煙（Price et al., 1981）。最後，假如家中的生活型態已定型在某種危險因子中，則改變一個人的危險行爲，可能會對整個家庭起一小小作用。其反應可能從暗中破壞這種改變，到整個家人一起投入其中，如當一個家庭成員開始一種運動課程時，其他的成員也可能會受其影響加入。

**吸煙**

　　在美國吸煙造成極大部分可預防性的死亡率。吸煙者罹患心臟病的比例是非吸煙者的三倍。吸煙者罹患中風、慢性肺疾病及其它部位癌症：包括肺、口腔、食道、胃、胰臟、腸、膀胱…等的危險性相對增加（Fielding, 1985）。在家庭中，抽煙的人也會對不抽煙的家人造成傷害。抽煙的孕婦易生出體重不足兒或早產兒。而抽煙者的小孩也容易得到急性肺部感染和慢性疾病；成人被迫處於吸煙者之中吸入二手煙的研究雖仍有爭議，但仍顯示易罹患癌症（Weiss et al., 1983）。

　　不幸的是，抽煙是一種相當難戒除的惡習，雖有將近80%

的吸煙者表示想戒煙，但只有少部分的人成功（Fielding,
1985）。研究顯示：具有高煙癮的人，每年的禁慾率約在20%
至40%之間。而大部分對抽煙強調是一種個人嗜好，而認爲
是一種對壓力適應不良的反應。直到最近，才慢慢有人注意
到整個吸煙的社會背景，並如何受家人和朋友的影響，以及
在親戚關係上其扮演何種角色。

　　我們都知道，抽煙的人傾向於和也抽煙的人結婚
（Sutton, 1980），而且，他們每天的抽煙量也幾乎相同
（Venters et al., 1984）。青春期孩子容易受到同性別抽煙
父母的影響而抽煙（Bewley and Bland, 1977；U.S. DHEW,
1976）。還有抽煙的夫妻也容易在同時都戒煙（Venters et
al., 1984）。如果抽煙的人和不抽煙的人結婚，通常吸煙者也
比較容易戒煙（Price et al., 1981），但如果配偶或朋友不
抽煙的話，戒煙行爲則可以持續得比較長久（Lichtenstein,
1982; Ockene et al., 1981）。有許多研究顯示，來自配偶的
支持，吸煙者比較容易戒煙成功（Graham and Gibson,
1971; Ockene et al., 1982）。心理學家Robin Mermelstein
和她的同僚（1983）研究發現，戒煙過程中配偶的合作和鼓
勵，有助於降低吸煙的再發率；但是如果配偶不停的責備挑
剔和控制，則會適得其反。心理學家H. Catherina Coppotel-
li和C. Tracy Orleans在1985年更進一步的研究顯示：抽煙
者的配偶有下列的特殊行爲，會更有助於戒煙的成功，像是：
(1)提供一些解決問題的方法，並加以協助；(2)給予香煙的代
替品；(3)給予戒煙的一些獎勵；(4)了解、傾聽、幫助吸煙者

養成一些不抽煙的嗜好。

利用家庭系統的透視，William　Doherty和D'Ann
Whitehead（1986）檢視家庭的吸煙動力。他們視抽煙為一
種與親朋好友溝通的方式，被用來解釋成相同（在一起或單
獨、同類或異類）、控制（某人要某人抽煙）及親密的表現
（個人的親近及性別行為）。他們認為戒煙會破壞原來與別
人的關係。同樣地，一些抽煙者可能會覺得戒煙不自在，因
為這樣就像是對致力於提倡戒煙的配偶表示投降。

## 營養

飲食之中有三種成份直接地與心臟血管疾病的危機有
關。高血膽固醇部分導因於攝取了過量的膽固醇與動物性飽
和脂肪。「美國心臟協會」建議所有中年人攝取低膽固醇的
飲食（American Heart Association, 1984）。高血壓則顯
然與飲食中含有大量鹽分有關。過量消耗卡路里導致肥胖，
並造成膽固醇的升高，也是高血壓與心臟血管疾病的獨立誘
因。

家庭中肥胖角色已經有了廣泛的相關性研究，並深入探
討肥胖與家庭動力間的互動關係。心理學家如Oscar　Bar-
barin和Mildred Tirado（1984）的研究顯示，在許多家庭
裏，飲食行為和肥胖本身，扮演一個重要的內在平衡功能。
在一項家庭裏飲食行為的調查中發現，25％的媽媽以食物做
為孩子的獎賞，10％則做為懲罰（Bryan and Lowenberg,
1958）；另外，在一項減肥的課程中，有91％的肥胖婦女的

配偶希望自己的太太能減肥，但其中只有49%的先生願意協助太太減肥（Stuart and Davis, 1972）。而這些人當中約有一半的男人預期：夫妻間可能會因為減肥而失去吃的分享行為，造成婚姻的衝突、協調及性的忠貞度。在記錄進食的談話過程當中，發現先生談到食物比正在節食的太太還要多七倍，而先生拿食物給對方，約多四倍。而先生批評正在節食的太太，比讚賞太太的人還要多十二倍。

家庭在肥胖的治療上，有很重大的影響。在四組隨機的控制試驗中顯示了配偶或伴侶加入減肥課程所帶來的影響（Brownell et al., 1978; Pearce et at., 1981; Saccone and Israel, 1978; Wilson and Brownell, 1978）：這四組中，除了一組外，其餘三組都顯示出家人對減肥有正面的影響（Wilson and Brownell, 1978）。這些研究結果印證了，家人隨時且長期的提供減肥及節食方面的鼓勵和加強的這種行為模式應廣泛被應用。大體而言，這些研究充分說明，有配偶的參與減掉的體重會更多，並且更能持久減肥。另一組的研究中（Pearce et at., 1981），丈夫不干涉太太的減肥，結果和丈夫有參與減肥時所減的體重一樣多，這顯示了配偶的參與有時也會破壞或有助於減肥課程。

家人參與治療課程不一定都是有助益的。在一項青春期肥胖的治療測試中，賓夕凡尼亞大學的心理學教授Kelly Brownell和他的同僚（1983）就發現，減肥者的母親如果參與減肥計畫反而會帶來反效果。在經過一密集的減肥課程之後，進行為期一年的追蹤，發現那些有媽媽積極參與計畫的

肥胖青少年，或媽媽沒有參與的青少年，都沒有減少任何體重。只有參與青少年小組的母親，他的子女在減肥計畫後有體重減輕的現象。了解青春期的生命週期需要（尤其是個別的需求），及一些肥胖病人的家庭動力（母親過度陷入孩子的生活中，包括吃的方面），便可解釋爲什麼母親對兒女的過度干涉反而有害。同樣的結果亦可發生在家人干預青春期的治療，而忽略其個別的需要。

肥胖的治療對家人也會發生正面或負面的影響。有十二位婦女在接受肥胖手術治療（小腸截段）後，發現其配偶在她手術之後，有增加生氣和沮喪的現象，甚至會導致夫妻爭吵；或造成丈夫的性無能，以及太太過度的性要求結果（Marshall and Neill, 1977）。而這十二位婦女當中只有二位其配偶對病人的性慾增加而感到高興。研究者假設，肥胖在家庭中扮演重要的保護角色：肥胖可以保護其免於性需求，免於與其他同性的競爭，免於害怕被遺棄以及婚姻衝突。然而，也有其它的研究報告結果顯示，對於小腸手術後的婚姻改變都是正面的改變較多（Dano and Hahn-Pedersen, 1977; Rand et al., 1982; Solow and Silberfarb, 1974）。

在飲食和營養其它方面，有關家庭的角色尚未被好好地加以研究。在唯一的一本有關家庭與高血膽固醇的書中，研究者Doherty和其同僚（1983）探討有關一群男人參加降低膽固醇的營養課程時，配偶對先生健康信仰和支持的角色扮演。研究包括太太對於丈夫因爲膽固醇值升高而受害的敏感度、太太對丈夫攝取降低膽固醇藥物的支持，二者之間的關

聯性;結果發現,太太的信仰與膽固醇降低有明顯相關。太太的支持與先生的服藥記錄也是息息相關的。如果太太對此課程有興趣,以及會主動提醒先生服藥或控制飲食,都與先生的配合度有正相關;而「不停的嘮叨吃藥」,則會降低先生配合度。所以「提醒」和「嘮叨」之間的掌握,似乎是關係著藥物服用與生活型態的改變的重要關鍵。

## 高血壓

高血壓(Hypertension),或血壓高,是一種普遍的心臟血管的危險因子,容易認定,也相對地易於治療。研究顯示對高血壓充分的處置,可大大地降低心臟病和中風的危機。不幸的是,大部分的研究發現,只有四分之一的高血壓病人正在接受治療,而其中,只有一半的人能適當的控制血壓(McKenney et al., 1973)。一般而言,配合服藥是治療高血壓的主要問題,可減少心臟血管疾病的發生。

一項由公共健康學者Donald Morisky和其同僚(1983)在Johns Hopkins的研究結果顯示,家人對高血壓配合度的參與,會對死亡率有戲劇性的影響。此研究比較了三組不同的衛生教育方法(包括第一組是簡單的個別諮詢,第二組則是在家庭訪問時對配偶或重要的關係人做宣導,以及第三組是進行病人的團體衛生教育),對於以下這幾個項目的差異,這些項目包括:持續就醫的改進、體重的減輕以及服藥的配合度。參與的配偶不僅改善全面的配合度,也同時促使病人的血壓和死亡率大幅降低。而且全部的實驗組都

顯示有重大影響：例如在全體受試者中降低了57%的死亡率，其中又以配偶有參與的那組表現的最好。家人參與此研究（在70%的診所高血壓病人也包含在內）調查發現，他們希望家人知道更多有關高血壓病症的知識及保健（Levine et al., 1979）。由健康教育專家Jo Anne Earp和其同僚（1982）所做另一項類似的研究，却無法證明在家訪時，家人的參與對病患有別的助益，原因可能在於這些病人已經很久沒有追蹤，而難以偵測其結果。

在高血壓和心臟疾病的控制上，「家人」的角色逐漸被證實是占有相當重要的角色，這點一直是全國健康權威治療人員所重視的。基於在社會支持的角色對改進病患配合度的研究上，全國心、肺和血液機構都強調：病人接受來自家人和朋友的協助，有助於其治療的實行（Haynes et al., 1982）。

### 多重心臟血管危險因子

到此為止，我們都個別討論危險因子。而數個危險因子的結合更能有效預測心臟疾病。許多有關多重危險因子的降低的研究已針對家人的角色而設計方案。行為科學專家Fred Heinzelman和Richard Bagley（1970），調查一群有具多重心臟危險因子的男人登記參加一項運動課程，這些男人雖然不認為太太對自己決定參加課程有影響，但如果太太對於先生參加課程有正面態度，先生完成課程的比率，比太太不管或反對的多出二倍。家庭治療師Fred Hoebel（1976）治

療「高難度的心臟病人（difficult cardiac patients）」
（他們不願改變其高危險心臟行為）是靠與其太太一起進行
的。在三到五個課程中，他告訴婦女們，她們自己行為如何
持續造成其先生的高危險行為，並指導她們如何修正自己的
行為。在九個個案中，有七個在高危險行為上顯現出有重大
改善。Baranowski等人（1982）在一項隨機控制測試上顯
示，有很多個家庭團體在增進家人飲食的支持和運動的改變
有其效果。

　　總之，有強烈證據顯示，家人對心臟血管因子，有其健
康與不健康的影響。許多控制測試證明家人的參與有助於減
重，而另一項研究顯示，對於病患高血壓的控制也有類似結
果。類似的研究，如運動課程、戒煙、飲食改變（降低鹽和
膽固醇的攝取）是需要的。雖然家庭的參與有助於預防，但
大部分醫師仍傾向於集中在其個人身上。由於目前他們所接
受的訓練在臨床實務上，尚無法適當的處理家庭參與。所以，
在下一節我們便要討論：在醫師與家人一同致力於提昇健康
和疾病預防時，所可能發生的一些挑戰。


## 在降低危機中，醫護人員如何與家人互動


　　雖然今日系統理論和生物心理社會模式興起，可是更多
狹義的生物醫學方法在健康照護上仍維持優勢。大部分的醫
療專業人員，尤其是醫師，在醫院所接受的訓練都是以最近

的科技來治療威脅生命的疾病，而很少注意到生理或社會的因素 (Engel, 1977)。結果，醫師傾向於使用以行動為導向，以權威者的角色去面對病人和他們的問題，醫師們尤其是在能為病人「做」某些事情時，感到相當的安慰（如：開刀、開處方或允許住院）。雖然這種方法對許多急性病症相當有效，但對慢性病和促進健康來說，經常無效。

　　健康危險行為很少有特殊的原因或簡單的方法。有危險因子的病人經常沒有症狀，也不希望接受任何治療，行為經常是病人生活的一個完整部分，並有重要功能。當醫師試圖去控制病人的危險因子，而使用嚴格的生物醫療法時，問題便接著產生，例如：醫師們比較喜歡開降低膽固醇的藥物，而不喜用改變他們飲食的方法（甚至是在大多數的藥物並沒有改善，反而產生一堆副作用時）。冠狀動脈繞道移植手術，是目前最常在美國使用的手術，經常是進行了手術，卻並沒有減少心臟危險因子。不幸地，動脈阻塞在移植中一直持續，動脈繞道手術也就變成了許多人解決問題的高科技方法。

### 醫療人員的健康信仰

　　許多健康信仰經常為醫師和其他健康專業人員所共同持有，用來提供給病人和家屬們有關如何提昇健康和降低危機。大部分的醫療人員，相信健康應是病人的最大訴求，而很難了解為什麼病人却依然喜歡從事有害健康的行為。醫護人員容易相信健康行為大都是在認知控制之下，而給予一些正確的訊息，病人就會選擇最健康的方法。因此，在試圖改

變其危險因子時，經常只限於提供衞生教育，而使得病人對於衞生教育的接受度也就越來越低，甚至到醫療人員會灰心而放棄。於是不順從的高血壓病人和肥胖型糖尿病人，就不斷地被重複衞生教育，教導病患去了解服藥或限制飲食的重要性，並且會被警告他們的行為所可能產生的後果。這種常被使用的醫療行為所導致的失敗，經常在文獻中有所記載 (Haynes, Taylor, and Sackett, 1979)。

　　另外，有些健康照護專業人員，他們相信改變生活型態相當容易，而且就如同開醫藥處方一樣的一一列出來要病人去做。例如一個營養師可能會開一個低膽固醇飲食菜單（不吃超過一個蛋及每週二份紅肉），或一位心臟復健護士可能建議病人從事某個運動課程（每週運動三次，每次二十分鐘）。許多研究顯示，這些病患甚至對短期的醫療養生之道的順從都做不到，進而導致需要更長期的醫療治療，或更複雜的醫療方法（很多藥，有著不同的服用時間表），當然病人又更不會去做到 (Haynes et al., 1979)。使得幫助病人改善生活型態的工作更形困難。所以，醫療專業人員需要了解整個病人的生活型態史——了解影響病人的整個心理、家庭及文化動力。

### 改變的力量和責任

　　當健康專業人員試著提供降低健康危機的生物醫療法時，他們經常會卡在要找誰負責去改變病情的問題上 (Ross and Phipps, 1986)。醫療人員可能會在試圖改變病人的行

爲時，對於某些雙方都無法掌握的行爲上，擔負起過多的責任。有個典型的例子，專業人員常在嘗試去說服病人改變——減輕體重、戒煙、切實服用高血壓藥物，而不先問他或她是否真的想要做這些改變？在一些個案中，我們會發現如果病人想要改變，他就會做到。然而，許多病人對所建議的一些改變，都會持矛盾或排斥的態度，因爲他們知道要改變是很困難的或是需要犧牲的，所以造成當醫療人員要求病人改變個人所珍愛的個人習慣會感到生氣，如戒煙或不吃太鹹的東西。這對某些人而言是終其一生也不願意被強迫去做「醫師的命令（doctor's orders）」。諷刺的是，有些病人，不願配合——不與醫師的要求合作——而改以一種個人的方法來控制自己的健康問題（Conrad, 1985）。

　　醫療人員力促病人去改變不健康的習慣，可能使情況變的更糟，病人可能變得不負責任或者是抗拒進一步的治療，使得病情控制陷入困境。醫療人員對病人越施加壓力，病人就越排斥，而醫療人員就更加生氣。這種抗拒可能會持續一生，甚至成爲病患與醫療人員互動關係惡化的主要癥結，而使得醫療人員成爲一直在追的人，病人變成一直在遠方跑的人（Fogarty, 1979）。如果每次探訪時，開始總是以「你現在抽多少煙？」，或「從上次來探訪到現在，減輕了多少？」等問題來詢問病人，通常結果會是醫療人員會因病人的不配合，而變得相當沮喪，病人方面則是會以放棄治療和不負責任來回應。這樣一來可能會導致病人無法再接受適當的醫療（「假如你不聽我的忠告，那我的治療對你已經沒有意義

了」），或是醫療人員會有意無意的責怪病人，生氣，或把他們的約診日期延期，或是排的更後面。

# 個案研討

　　B太太是一位58歲的肥胖婦女，患有成年發病型糖尿病，她被轉介到一位營養師那裡去減肥。在詳細詢問有關她的飲食史之後，營養師開給她一份美國糖尿病協會的飲食，每日1400卡路里，並且告訴B太太每二週回來複檢及秤體重。每次回來複診時，營養師檢視B太太的飲食，並對減少卡路里做更進一步的建議。但因為B太太的體重在治療後，一直沒有減少，所以營養師將其飲食改成含1200卡路里的飲食，並改為每週回來複診一次。雖然為期四個月的密集治療，B太太仍然沒有減輕任何體重。在失望之餘，營養師把B太太送回醫師那裏，並解釋説B太太無法用飲食減輕體重，必須考慮小腸繞道手術。

　　在重複與病人如B太太的「拒絕」或「不合作」的互動之後，醫療人員可能對具有嚴重健康危機的病人，採取一種隨他和不負責的態度。這些醫療人員認為大部分的人不能改變這些行為，而他們的責任只是提供「醫療」上的諮詢給病人，讓病人自己決定是否要改變（由你自己決定）。當大部

分的病人不能依照這些方法做改變時，醫療人員就越悲觀。最明顯的例子是治療酒精中毒者。雖然這種病人是可以治癒的，但醫療人員對自己能否幫助的了，抱持著悲觀的態度。總是說酒精中毒的人要「打屁股」，讓他或她自己來決定是否要戒酒，否則一些方法都是徒勞無功的。醫療人員在此反映了大部分的美國社會的情況；以我們的觀點來看，對於酒精中毒的人，醫療人員傾向於對較嚴重的問題採取不聞不問的態度，也不提供充足的治療方法，只侷限於一些舊有的一套。

　　雖然健康專業人員對生活型態的修正有重大的作用，但大部分的改變都發生在家庭裏，而不是經由健康專業人員的建議或協助。一個個人可能決定試圖去做一些生活型態的修正，而尋求家人的協助，或家人可能相信一個家庭的成員需要改變一些健康危險因子，而試著去改變其個人。

　　家人對於配合降低健康危機的影響可能是正面，也可能是負面（Strickland et al., 1981）。對於健康問題的過度負責或不負責，都可能發生在家人的態度上，且可能反映病人與醫療人員間的互動關係。家裏會警覺到健康危機已降臨在某人身上，且相信改變生活行為是他們的責任。例如，一個有肺病家人的家庭可能相信他們可藉由促使其不抽煙，而挽救了他（她）的性命。他們可能開始把香煙藏起來，把煙灰缸拿走，而對病人嘮叨，叫他不要抽。而病人的反應可能變得更生氣，而再度拒絕改變。如家庭治療師John Weakland和Richard Fisch（1984）在心理研究機構所指出的，家屬

有意的幫助病人，結果可能適得其反。

　　William Doherty 以 及 家 庭 醫 師 Macaran Baird (1983) 所描述的有關健康醫療人員、病人和家人之間所組成的治療三角關係。在任何三種成員系統中，任何二個都有可能結合起來對抗第三個，例如，假如一個公共護士覺得要負責一個男肺病患者在家庭範圍內戒煙，就有可能與其家人建立一聯合關係，鼓勵他們把香煙藏好，並對醫師報告他是否有抽煙。當然，這樣可能會產生與預期相反的不利後果，因為當其家人認為護士多管閒事時，可能會與病人聯合起來對抗護士。在此三角關係中，第三種可能是：護士可能與病人聯合起來，視其家人的努力為「干擾」，而試圖將他們排除在病人的照顧之外。對醫療人員來說，困難的工作是如何支持病人，使其能適當、自主的關心自己的健康，同時也能與家人維持一良好的工作網。把病人或其家屬排除在此工作網之外，都有害於醫療人員在促進健康的長期努力上。


## 運用家庭參與，促進健康並降低危機


　　家庭參與在健康的降低和危機的降低上，需要從生物醫學的醫療上轉移到生物心理社會或系統的參與上 (Engel, 1977) 。藥物和手術並非解決生活型態改變的唯一方法，而且還要承認生物醫學的方法有其限制。健康照護專業人員要考慮健康危險行為的前後關聯性，並檢視生理、心理和社會

對這些行為的影響。此種廣泛的參與開始於對個人是家庭一份子的認知，及家庭對與健康相關的行為有重大的影響。

　　使用生物社會心理模式的脈絡關係，需協助醫護人員了解改變生活型態的困難，以及在改變一個人的行為上需要極大的耐心。個人和家人的習慣是經年累月形成的，不可能在一夜之間就改變，雖然這對健康專業人員來說是很難接受的，因為他們是在一個急性醫療醫院中受訓，那地方在數分或數小時之內，情形就會改變。相反地，這種全家參與的方法需要與病人在治療之初建立循序漸近的關係，尤其是在門診，醫護人員更要學習小小的改變，並接受失敗和挫折是改變中不可避免的一部分。

　　此種生物心理社會參與法含蓋著各種不同型態的病人和家屬參與其中，換言之，要以一種不具權威的，更具合作性的參與態度來合作。主要的目標在於讓病人和家屬同意去做生活型態的改變，並避免逼迫病人和家人去改變，或預期他們會自己去改變。

### 家庭評估

　　家庭在健康提昇與危機降低上，給予重要的社會影響，以家庭為導向的健康專業人員，必須精於評估家人，和家人對於健康行為的影響。了解家庭動力圍繞在健康危險行為上，有助於醫護人員設計參與方法，並避免運用家庭已試過的失敗策略。

　　家庭評估（family assessment）只要評估整個家庭，

就可以相當容易達成。在家庭訪視上，醫護人員可以針對影響現存的一些不健康行為的各種因素著手，亦可針對所建議的改變去做。以下是所需考慮的因素：

**家庭壓力**（family stress）　家庭中壓力程度為何？其如何影響家庭的能力去協助病人？家人在重大壓力下可能無法做任何改變，或可能缺乏提昇健康的資源。在家庭中最近有沒有發生的重大生命事件，如死亡、重大疾病、婚姻衝突，或財務危機？或一些無法解決的傷心行為，如，最常見的家中有人濫用財物。而此壓力又如何解決？其他家人精神和生理上的疾病，可能是家庭難以適應壓力的症狀。再加上，此時醫護人員可能在家庭已處於數種壓力下，勸他們要開始具有壓力性的生活型態改變，如節食、戒煙，所以在此同時可能加深個人的無助感。

**家庭健康信仰**（family health beliefs）　家庭對此一特殊行為，建議的改變及疾病的預防，其信仰是什麼？個人的信仰與家庭的信仰是否互相衝突？所使用的方法能被家庭所接受嗎？與家庭信仰相符嗎？家中有無「健康蒙古大夫」（經常是老祖母）？或健康專業人員？家人的一些意見和專門知識，都要加以探討和尊重。

**家中行為的角色**（the role of the behavior in the family）　誰是不健康行為改變最大的受影響者？行為是否為一種溝通的方法（如：抽煙）？或是一種忠實的象徵（如：肥胖父母的肥胖子女）？或是一種建立自主的方法（如：嘗試吸毒）？

**家庭對建議改變的反應**（family's response to recommendations）　誰同意／不同意病人應該改變？覺得誰最該負起改變的責任？所建議的改變對其他的家人有何影響？又會有何反應？例如：假如建議使用新的飲食，做飯的人可能不願意改變菜單。又假如一家人共同享有的習慣或危險因子，他們會有興趣改變嗎？

在討論任何生活型態的修正之前，醫護人員必須鼓勵病人去認識他們最喜歡的危險因子。在與有多重心臟危險因子病人接觸時，健康專業人員經常建議病人改變一些他們最喜歡的危險因素，或他們所認為最嚴重的危險因素，而不考慮病人所最想做的是什麼？一般來說，最好一個時間處理一種危險因子。如果試著在同一時間做多種的改變（如：戒煙和改變飲食），則很可能導致失敗和失望。一旦與病人達成一種改變目標的協議，接著就要舉行一次家庭會議。

在家庭會議中，醫護人員的目標是去引出家人對問題的看法，並建立家人對於改變的共識與支持。一項有效的方法是讓病人建立一種與家人接觸的行為模式，讓家人提供病人所願意接受的協助。Doherty和Baird（1983, 1984）合作研究此種契約的詳細草約，以供配合的家庭諮詢。此種模式已被家庭醫師Lorne Becker和其同僚（1985）採用在戒煙行為上，亦可普遍應用在消除其它危險因子和健康提昇的活動上。

要有效地與家人共同工作，醫護人員必須維持與家人和病人的聯合關係，並支持病人的自主性，避免衝突。假如醫

護人員與個人建立長久的關係，但不了解他的家庭，則其家人可能會認為醫護人員覺得造成問題的罪過是其家人所引起的。所以要讓家人一起參與，並承認他們的參與是必要的。另一方面，如果家人已對病人的行為處於過分負責的地位，則他們可能會試著讓醫師加入他們這一邊，一起奮鬥。此時，醫護人員可藉由建議他們如何照顧病人，以表示加入他們。

對一些重要的生活型態的改變，家屬可能需要來自社區資源的額外協助，或別的特殊團體的幫忙（酒精中毒者匿名、體重監視者、吸煙終結者等支持團體）。但比較不理想的是，大部分這些團體並沒有常態性地與家人合作，或加入他們的過程（雖然Al-Anon（酒精中毒者匿名）是提供給酒精中毒的家庭的一個特別小組）。有許多的工作技巧可以讓個別的家庭成員與數個家庭團體合作。我們相信家庭成員必須積極加入團體中。例如：減肥課程，誰能把體重減輕，就退費，則他可以把這些錢回饋給協助他減肥的家人。

對醫護人員而言，若要處理許多家庭生活型態的改變，可能會造成過多的要求或負擔。有些問題家庭可能相當沒有功能而且僵硬，以致無法以直接了當的方法來達成。個別的健康專業人員必須與家庭治療師建立一個工作網，以便能向其做定期諮詢，並轉介困難的個案。一些醫護人員要訪視數個家庭時，可與一位家庭治療師同行。一些特殊團體和社區機構，在處理健康危機方面，也必須要有一位家庭治療師的工作人員，以協助經營這些團體，並提供諮詢。這些家庭治療師具有系統理論、家庭動力、促進行為改變等的專門知識，

這些技能對這些團體來說是無價之寶。逐漸地，家庭治療師已被訓練來解決與健康有關的問題，並與其他的健康專業人員共同合作。藉由家庭治療師及家庭醫師群組成的Jeri Hepworth和Max Jackson（1985），我們相信最有效促進健康和降低危機的方法，是需要這種型態的共同合作。

# 結論

在未來的研究方向之中，家庭健康的提昇和危機的降低尤具有多方面的領域。大部分的研究使用簡單的模式，視家庭為社會支持的一個來源。研究人員必須要檢視，在做生活型態的改變時，家人的支持是何種互動模式，以及有那些模式抑制了生活型態的改變。某些家庭如何在吃、抽煙，及運動方式上組合而成？某些家庭如何帶領自己到外面的世界及健康醫療體系中，使自己有彈性學習新的生活型態活動？又有那些家庭會事先關閉可能的家庭生活型態改變管道（Reiss, 1981）？對於在易於產生危險因子的家庭裡，給予以家庭為本的治療過程可能是最耗成本的努力。這需要去發展和精確地測試一連串的課程。在1980年代，有二個主要議題受到研究人員的重視：戒煙和降低膽固醇。

雖然提昇健康和預防疾病對人類有不可否認的經濟價值，由於反對處理已經存在的疾病，傳統上，只有少於2%的聯邦健康醫療預算被使用於這些活動（Dever, 1980）。可以

了解的是，我們的社會更醉心於能有「萬靈的仙丹（magic bullets）」來打擊病毒，勝於如何改善我們個人所需的生活。直到最近，甚至當有醫護人員和研究者談到生活型態問題時，他們也傾向於把個人和家庭分離。這個盲點漸漸開始褪去。很清楚的，如沒有對家庭動力明顯的關心，則提昇健康的路仍然遙遠而艱辛。雖然一個家庭的參與在生活型態改變上，並非提供易於成功的捷徑——沒有成功之路是黃金舖成的——然而，這可能提供最好的機會給予幫助人們激發提昇其健康和延長壽命的動機。

# 問題討論

1. 一般外科醫師主要建議採用什麼方式來改變生活型態？而家庭又如何影響每一個生活型態的改變？

2. 什麼足以能解釋家庭中，心臟血管危險因子的高度共通性？這些發現對健康醫療專業人員和家庭有什麼暗示？

3. 健康專業人員如何幫助或妨礙家庭的努力，來讓他們改變其健康危機？

# 建議讀物

Califano, J.A.J. (1979). *Healthy People: The Surgeon General's Report on Health Promotion and Disease* Prevention. PHS. DHEW Publication No. 79-55071. Washington, DC: Government Printing Office.

Doherty, W. J., & Baird, M. A. (1983). *Family therapy and family medicine: Toward the primary care of families.* New York: Guilford.

Haynes R. B., Taylor D. W., & Sackett, D. L. (Eds.) (1979). *Compliance in health care.* Baltimore: Johns Hopkins University Press.

# 第三章
# 家庭傷害和疾病發生

　　為什麼有些抽煙的人會死於肺癌或心臟疾病，而有些人抽了60幾年的煙却沒有任何不良的影響。答案是，雖然現代科技醫學相當進步，但我們無法簡單回答為什麼同樣暴露在相同的致病因素或危險因子中，有人會生病，可是有人却沒事。事實上，把所有的生物醫學危險因子全加在一起，也只能解釋人類各種疾病的一小部分罷了。

　　在過去的25年中，心理社會環境對疾病影響的程度，已漸引發探討的興趣。現在已有實質的證據可以證明心理社會的壓力對健康有不良的影響（Antonovsky, 1979）。最近的一些研究結果已說明社會的支持有保護的功能，不論是在緩衝壓力上，或是在直接影響健康上（Cohen and Syme, 1985）。科學家和醫護人員也漸漸了解社會因素扮演著重要角色，它能決定誰會生病以及誰會健康。

　　如同最親近的社會環境，對大部分的人來說，家庭是主要的壓力和社會支持的來源。本章將探討家庭能影響疾病的傷害和產生的各種形式。特殊焦點話題是最受爭議的最大家

庭壓力──配偶死亡。我們將討論在喪偶期間，家人與健康
照護人員之間的互動，並以提供家庭爲導向的健康照護建議
來作爲結論。

# 家庭壓力

　　現在大家對壓力已有一個普遍通俗的觀念，一般病人認
爲壓力是影響健康的主因。當病人面對醫師時，總是說因爲
他們處在「一大堆壓力下」，他們的病（例如：潰瘍、背痛、
頭痛）就「活動起來了」。甚至傳統的醫療科技也開始視壓
力爲健康與疾病的一項重要指標，尤其是冠狀動脈心臟病。
　　不幸地壓力是一種很難加以定義或研究的指標（Rab-
kin and Struening, 1976）。研究壓力最成功的方法是檢視
重大（充滿壓力的）生命事件的衝擊，和其在疾病發展上的
角色。壓力研究人員Thomas　Holmes和Richard　Rahe
（1967）首創的方法，是從43件日常生活事件中（見 表3.
1），詢問人們其社會重新調適的百分比。每一個事件依其壓
力感受而給一個固定比率。Holmes和Rahe所設計的社會重
新調適量表，和類似的量表目前已被使用於無數個回顧與展
望的研究上，以顯示在各種疾病發展之前造成壓力的生活事
件已經增加。
　　在Holmes和Rahe的量表中，大部分事件發生在家庭
中，而其中15件最具壓力事件中有10件是家庭事件。這項發

## 表3.1 生活改變單元：社會重新調適測量表

| 生活改變事件 | | 值 |
|---|---|---|
| 家庭 | 配偶死亡 | 100 |
| | 離婚 | 73 |
| | 分居 | 65 |
| | 親近的家人死亡 | 63 |
| | 結婚 | 50 |
| | 夫婦和好 | 45 |
| | 家庭健康重大改變 | 44 |
| | 懷孕 | 40 |
| | 新增家庭成員 | 39 |
| | 與太太爭吵重大改變 | 35 |
| | 兒子或女兒離開家 | 29 |
| | 姻親問題 | 29 |
| | 太太開始或結束工作 | 26 |
| | 家庭團聚的重大改變 | 15 |
| 個人 | 坐牢 | 63 |
| | 重大個人傷害或疾病 | 53 |
| | 性困難 | 39 |
| | 親近朋友死亡 | 37 |
| | 傑出的個人表現和成就 | 28 |
| | 正式上學開始或結束 | 26 |
| | 生活條件重大改變 | 25 |
| | 個人習慣重大轉變 | 24 |
| | 轉到新學校 | 20 |
| | 搬家 | 20 |
| | 娛樂方面重大改變 | 19 |
| | 教會活動重大改變 | 19 |
| | 睡眠習慣重大改變 | 16 |
| | 飲食習慣重大改變 | 15 |
| | 假期 | 13 |
| | 聖誕節 | 12 |

**續表3.1**

| 生活改變事件 | | 值 |
|---|---|---|
| | 次要違規事件 | 11 |
| 工作 | 被解職 | 47 |
| | 退休 | 45 |
| | 重大生意調整 | 39 |
| | 調到不同的工作線（調職） | 36 |
| | 工作責任的重大改變 | 29 |
| | 與老闆的煩惱 | 23 |
| | 工作環境重大改變 | 20 |
| 財務 | 財務狀況重大改變 | 38 |
| | 貸款超過$10,000 | 31 |
| | 抵押被拍賣或失去贖回權 | 30 |
| | 貸款在$10,000以下 | 17 |

資料來源：
Rahe, R. H. (1975). Life changes and near-future illness reports. In L. Levi (Ed.), *Emotions: Their Parameters and Measurement.* New York: Raven Press. Reprinted by permission.

現顯示大部分的壓力來源來自於家庭。小孩是最容易受此種壓力的影響群，許多研究已針對家中生活事件與小孩的健康的關聯性進行探討。在一項早期的家庭壓力研究中，小兒科醫師Roger Meyer和Robert Haggerty（1962）發現，慢性壓力與高併發的鏈球菌咽炎有關，30%的鏈球菌感染之前，家庭已發生一件壓力的家庭事件。在廣泛研究學齡前兒童中，家庭生活事件與看醫師和住院，在各一方面的情況下，都有強烈的關聯性（Beautrais et al., 1982）。在此項研究

中，四年內有來自超過12件生活事件家庭的小孩，比一般小孩多出六倍的住院率。

除了這些總家庭事件的研究外，許多調查已針對特殊家庭生活事件對健康的影響進行研究。有關「親人死亡的研究」，將於此章被提及，提供了家庭壓力對健康影響的最佳證據。離婚在美國文化也是一個極大的壓力事件，如Holmes和Rahe的量表，便將離婚列於第二位。許多橫切面的研究（Carter and Glick, 1970; Lynch, 1977; Verbrugge, 1977）業已顯示，在離婚的個人中所有疾病的死亡率有增加的趨勢（與結婚、單身和親人死亡的人相比較）。此一複雜的婚姻瓦解和健康需要之間的關係為許多的研究人士所研究，諸多證據顯示，身體不健康對婚姻關係有著不良的影響（Bruhn, 1977; Klein et al., 1968）。

到目前為止，研究總結證實家庭事件可能是一主要壓力來源，此壓力使得個人更易罹患疾病。在下一節中，我們將討論家庭是預防疾病的支助因素。

# 家庭——社會支持

John Cassel為北卡羅蘭納大學流行病學教授，其採用流行疾病的工具模式，研究健康和疾病的社會心理因素。他認為壓力會降低個人對疾病的抵抗力，而社會的支持則可緩衝壓力（Cassel, 1976）。後續的廣大研究提供強有力的證

據支持Cassel的基本主張：社會的支持能直接促進健康，並減低壓力。在大部分的這些研究指出，家庭是最重要的社會支持來源。

「社會支持（social support）」，流行病學家Lisa Berkman（1984）的定義是：「情緒的、工具的及財務的支持，由一個人的社會網絡中可獲得的」。她更進一步的把「社會網絡（social network）」定義為「社會連結的網，並包圍著個人」。因此社會支持包括現在的社會團體，以及個人主觀評價此一團體的幫助為何。到目前為止大部分研究焦點在於現存的潛在支持關係（如：完整的婚姻），而不是在個人對這些關係的評價（配偶被感受到的支持如何？）。

在加利福尼亞州的Alameda郡，有一超過6000名成人的大型研究，Berkman和Syme（1979）顯示：超過九年期間，社會網絡是死亡率的一項重要預測指標。社會網絡的每個測量值與死亡率、社經地位的獨立性、婚姻狀況、以前的健康情形，或健康實施等項有重大的關聯。尤其婚姻狀況和與親戚朋友的接觸是最有力的健康指標。最被社會孤立的團體，其死亡危機約是最不被孤立團體的二～三倍。在一項類似的研究中，社會學家James House和他的同僚（1982）發現，就男人而言，社會孤立與死亡率有很強的關聯性。再者，社會支持的家庭成員是誰將會死亡、誰將會存活的最佳預測。

在老年人的社會支持與其死亡率的研究上已顯示，不同面貌的家庭支持的重要性，也可能終其一生在改變。如在北

卡羅蘭納Durham市對老年人的部分研究中，老人學家Dan
Blazer（1982）發現，更多的方便性（availability）、經常
性、正面的社會支持，與老年人死亡率的降低相關。社會支
持不良的老人，在30個月的研究期間裡，其死亡率約為社會
支持良好的老年人的三倍。流行病學家Dianne Zuckerman
與Stanislav Kasl和Adrian Ostfeld（1984）發現：New
Haven的貧窮老年居民也有類似的相關性。在這二個老年人
的研究裡，現存的子女數目是最有力的存活指標，然而婚姻
狀況本身與死亡率無關。此項發現證實子女是許多老年人最
重要的社會支持來源。

　　懷孕者的家庭支持顯然對其扮演一重要角色。孕婦若具
有重大壓力和較低的家庭社會支持，則併發產科合併症的比
率偏高（Norbeck and Tilden, 1983; Nuckolls et al.,
1972）。家庭醫師Christian Ramsey和其同僚（1986）報告
指出，與配偶或家庭分開住的孕婦，生出體重不足的嬰兒的
比率，比與配偶或家庭同住的孕婦機率要高。而對家人過度
親近的孕婦，也容易生出體重不足的嬰兒。由此可見，家庭
的支持和品質同時影響健康。Ramsey和其同僚假設：懷孕
期間，家人過度保護，可能會對準媽媽的自主性有害；換句
話，可比喻為：家庭沒給一個成長的新成員有足夠空間來發
揮。

　　社會支持研究提供強而有力且說服力強的證據，足以證
明社會結合和支持對健康有著重要影響（Broadhead et
al., 1983），而家庭是最重要的支持元素。許多這類研究已使

用有力的研究設計：預期性的研究運用大量主觀、客觀的測量結果，以變數分析控制混淆不清的變數。然而，這些研究主要的弱點是由於使用了家庭變數的粗估值，所以很難得知預防疾病和早死率最重要的家庭關係品質和面貌。

接著我們將討論喪偶問題，這是此階段家庭健康與疾病週期最常被研究的主題。

## 親人死亡對健康的影響

雖然我們期待長壽，然而親人死亡却經常發生在現代的家庭裡。估計每年約有八百萬人口——美國人口的5%到10%——失去其親人。親人的死亡所帶來的負面影響會在家中持續好幾年，對家人不只引起精神傷害，同時，根據研究顯示，也對個人的健康會有不良影響。最近的一些現象——喪失親人以及對個人易於感染疾病——在這一節裡將予以討論。

親人死亡對健康的影響已被密集的討論和研究（參閱Susser, 1981; Jacobs and Ostfeld, 1977; and Osterweis et al., 1984「全國科技學術研究」報告）。橫斷研究發現，喪偶的死亡率，與結婚人口比較，有顯著的增加情形。在一項著名的橫斷研究中，流行病學家Arthur Kraus和Abraham Lilienfeld (1959) 發現，年青的鰥夫在許多生理疾病的死亡率約是正常人死亡率的十倍。

　　許多研究也發現親人死亡對健康有負面影響，雖然其負
作用不如橫斷研究的發現來得重大。在心理學家C. Murray
Parkess (1969) 典型工作發現，倫敦鰥夫在喪偶後的前六
個月，其死亡率約比一般人多出40%，大部分會由於心臟疾
病致死。有關親人死亡的研究，最好的設計且最具說服力的
研究來自於馬里蘭州Washington郡的流行病學家Knud
Helsing和Moyses Szklo (1981) 的發現，當可能潛在的混
淆變數（尤指抽煙和社經地位）在控制之下時，顯示出了鰥
夫的死亡率有增加的趨勢，且持續十年的研究結果證明皆如
此。而再婚鰥夫的死亡率則低於非鰥夫控制組，這說明結婚
對健康，至少對男人，有保護作用。在此研究中寡婦在配偶
死亡後，則沒有死亡率增加的情況。

　　雖然無數的橫斷研究顯示，親人死亡會導致情緒上的困
擾，却很少有系統地正視這段期間的精神發病率和死亡率。
戶口統計調查資料上顯示寡婦的自殺率高於婚姻正常者，尤
其是老年人。在320位鰥夫寡婦自殺個案裡，MacMahon和
Pugh (1965) 發現：鰥夫的自殺率是同年控制組的三點五
倍；寡婦則爲正常人的二倍。在親人死亡期間，酒精濫用的
情形出現在自殺者的最高危機期裡 (Murphy and Robins,
1967) ，而青年人在喪偶後，則會更具高危險的自殺危機
 (Bunch et al., 1971) 。

　　其它研究顯示：喪偶的第一年，鰥夫及寡婦酗酒、服用
安眠藥、抽煙的比率會增加，但這主要發生在以前已有用過
這些代替品的人身上 (Parkes and Brown, 1972) 。

Parkes（1964）發現65歲以下的寡婦,在喪偶後的前六個月
期間,比配偶死前所服用安眠藥的用量約增加了七倍。奇怪
的是,在喪偶期間生理疾病或看醫師的情形並沒有增加。

　　親人死亡的負面影響其危險因子是什麼?目前已有許多
定義,人們在生理和心理情況不佳時,更容易使情況變壞,
酗酒的人則更具死亡危機。男人比女人在親人死亡期間更容
易死亡,但也更容易再婚。年輕的鰥夫寡婦受親人死亡的衝
擊更大,對健康不良影響也更多。配偶間的關係本來不好的
人,在親人去世期間,關係會更惡化（Parkes and Weiss,
1983）。研究結果並不支持下面的說法,那就是對一般相信
突來的死亡比預期的死亡傷害更大（Osterweis　et　al.,
1984）。社會支持顯然在親人死亡時,對健康有正面影響,
可能是有助於舒解悲傷的壓力。

## 親人死亡與健康之間生物學上的相關性

　　雖然有許多研究探討親人死亡對健康所造成的影響,但
是只有少數的研究探討這些影響所可能發生在生物學機轉
（biological mechanisms）上的變化（Hofer, 1984）。對
此機轉的了解,有助於醫護人員預防負面作用的產生。親人
死亡的壓力可能直接影響身體某些機轉過程,而導致生病或
死亡,或可能影響健康的行為,如抽煙、酗酒,或找健康專
業人員,或一些間接引起疾病的因素。這二個途徑都有一些

證據可加以證明。

　　就如同其它的壓力因素一樣，親人死亡會影響身體的許多系統。早期的壓力研究學者，如Walter Cannon和Hans Selye證實壓力的刺激會導致自主神經系統和內分泌系統的改變。在「反抗或逃離（fight-flight）」的反應，大量的兒茶酚酸（catecholamines），如腎上腺素（副腎素）釋放到血液裏，而造成高度警覺狀態，血壓和心跳都升高，瞳孔放大，血液從內部器官分流到骨骼肌，造成一個人會感覺到害怕和緊張。雖然這只是一種普通的適應機轉，却是有害處的。有心臟病的人，其增加的壓力可能引發心臟病、心律不整，或死亡（Lown et al., 1980）。Engel（1971）研究170個突然死亡的個案發現：其中有39%的女性和11%的男性是在親人死後馬上死亡。他推測其死亡是由於既存的心臟疾病引發心跳停止。具有潛在糖尿病壓力時，腎上腺素值會增加引起血糖增加和自由脂肪酸製造，更使糖尿病難以控制。在這點上，家醫科醫師Salvador Minuchin和他的同僚（1978）報告，在某些患有身心症家庭裡，家人之間的衝突會升高糖尿病的脂肪酸和加速其酮酸沈澱。

　　最近對生物機轉的興趣焦點已放在免疫系統的改變上，和其對癌症、感染發展的影響上。在動物和人類研究證實，免疫功能直接受到神經系統的影響，而且壓力也會導致免疫的抑制和疾病的增加（Ader, 1981）。T型淋巴球（T-lymphocytes），是細胞淋巴球的介體，對壓力最敏感，在防禦癌症和某些感染方面扮演著重要角色。B型淋巴球（Blymphocytes）則製造抗體（顯然受壓力的影響較少）。

　　兩項控制良好的研究顯示，在親人死亡期間，免疫力會減低。澳洲免疫學家R. W. Bartrop和其同僚（1977）發現，在26個最近喪偶的個案中，其T淋巴球的反應會比控制組的淋巴球反應爲低。心理學家Steven Schleifer和其同僚偵測20位患有重度乳癌婦女的配偶，在研究期間配偶死亡的男人，其T淋巴球的反應在配偶死亡的二個月內，有極大的下降走勢。心理免疫學在研究這些現象的名詞時，正在做讓人鼓舞的進一步研究，並承諾對人類身心與社會系統之間的關係做更深入的了解。

　　除了生物學所產生的改變，親人死亡也和行爲改變有深遠的關聯，對健康有著重大影響。如前面所討論過的，喪失親人會增加其使用安眠藥、酗酒或抽煙的情形。抽煙是心臟病和癌症的危險因子，在喪失親人時會使人煙抽得更厲害。酒精的濫用也會導致許多生理、心理和社會的後遺症。硬化症、意外、自殺是喪失親人後死亡率增加的三大威脅，也是酒精濫用或中毒者常見的現象。健康行爲上的這些改變在醫療上來說，可能比直接生理上對親人死亡的影響要來的大。

　　喪失親人是人類的一種生活自然經驗，是當一個人活的比所愛的人長壽時，所不能避免的。某些個人會有情緒上的痛苦及伴隨而來的生理不適，但無持續生病的影響。而有些人則會生大病，甚至早死。手邊的證據顯示：社會支持網絡可能是個人處理親人死亡好壞的重要因素。因爲健康專業人員對整個死亡過程有深入的參與其中，因而他們是個人在親

人死亡後，潛在的社會支持系統中的重要部分。我們現在就轉向討論健康專業人員與喪失親人的家屬之間的關係。

# 親人死亡期間健康專業人員與家庭間的關係

　　死亡和瀕臨死亡，不只對家屬造成壓力，同時也對健康專業人員造成壓力。這個時候醫護人員與家屬之間的溝通是最重要的。在這一節中我們將為讀者們描述一些醫護人員與家屬，在家人死亡前後，二者之間互動的各種情況。不幸地是，並沒有系統性的研究探討醫護人員在病人死亡和喪失親人期間的角色；但一些零星的報告及筆者的醫療經驗指出，在這段期間，家屬和醫護人員之間常發生溝通不良、誤解和不符合需要的情形。

　　許多醫護人員在處理死亡過程中遇到極大的困難，不論是發生在其醫療行為上或是在家中（Tolle et al., 1984）；對某些人而言，對死亡的害怕是選擇走那一科的主因，不是因為想著征服它而否認死亡，就是當成是一種工作的方式來面對死亡無法解決的問題。這些醫護人員在年輕時，可能經歷過親人死亡。例如，一位腫瘤科的護士，告知我們知道為什麼她會在青年時選擇這一科，因為她有個哥哥死於白血病，而她被指定來照顧某個家中某位將死的小孩。

　　對大部分的健康專業人員而言，尤其是醫師，其主要目標就是救命，而死亡經常被視為失敗，也常常伴隨著罪惡感，

雖然他已經盡力去醫治。醫師過分負責、高度期望、全能的
感覺，導致他們被人們認為，他們「必須（should）」能阻
止死亡。當在診斷延誤或治療上有一點錯誤時，不論如何的
不重要，此種罪惡感會被擴大好幾倍（Hilfiker, 1984）。如
同罪惡感一樣，醫師們常相信家屬把死亡怪罪在他們身上。
這些感覺會妨礙醫護人員與家屬之間的溝通。例如，一位小
兒腫瘤專家解釋，一位主治兒科醫師把他的癌症病人轉介到
護理的專家那裏，其理由之一就是怕延誤病情而怪罪自己。

　　醫療行為上，處理死亡是身心俱疲的事情。醫護人員可
能選擇專業的一部分，是基於能否照顧臨終病人的考量。在
產科和一般兒科，死亡較少，但却相當悲哀，而在老人科和
腫瘤科死亡則是常見的。經常與死亡接觸的健康專業人員，
在處理臨終的病人和家屬上，不見得會比較舒適或熟練。有
些醫護人員會形成強烈的防衛機轉，並避免一些有關死亡的
問題，只注重在醫藥的治療上。有些極端的個案，醫護人員
可能不告訴病人診斷結果，也有可能選擇在有指示時，才會
積極的治療；也可能不承認病人快死了；或可能快死時，迴
避病人和家屬。

　　這種極端的反應已很少發生在醫護行為上。目前已投入
更多注意力在臨終病人的社會心理需求上（Cassem　and
Stewart, 1975; Friel, 1983），然而家屬的需求仍被忽略。
家屬有時被視為是侵入者，干擾一些常規。他們可能只被允
許在某個時間來訪，而且一次只能二～三個人。許多病房更
禁止小孩進入；另外也有許多的病房沒有足夠的椅子，讓家

屬坐在病床旁邊。醫護人員經常忽略了家屬的來訪,很少向家屬自我介紹,或問他們是家中什麼人。許多醫院的病歷也很少有家屬的資料,與其它的血統關係。有關遺傳疾病的家庭病史可能有記錄,但很少包括社會心理資料。有超過80%的美國人死在醫院,這些醫院仍以臨終病人個人的生物需求為優先,家屬常常被拒於千里之外,且只能自求多福。

一項可貴的例外,在醫院中家屬沒有被忽略並排除在外的,那就是在小兒科和產科病房。小兒科引導父母每天在醫院中參與照顧其住院的小孩,父母被鼓勵多多陪在小孩的身邊,並有小床可睡在兒童病房裏,他們可以幫助餵食和一些簡單的醫療過程,尤其是出院後要持續的一些醫療措施。在產科,父親們照例在妻子生產時要陪在旁邊。許多醫院設立「家庭生產中心(family birthing centers)」,讓整個家人,包括小孩、祖父母都能參與生產和分娩過程。在以家為護理中心的住院兒童與孕婦所能享受到的,應被廣泛擴展到所有病人。

在疾病的最後階段,護理人員最常見的反應是漸漸退出病人與家屬的接觸,在醫院時很少花時間與病人在一起,或好好安排家訪,而這種情況就如同以下所示範的例子。

## 個案研討㈠

一位60歲的婦女因長期肺病而住院,診斷是肺癌

及脊椎轉移。雖然正接受放射治療、神經阻斷及高
劑量的止痛劑使用，但是，在她生命的最後一個月，
住院時，仍有嚴重背痛。在使用止痛藥無效之後，
她的醫師變得不安且失望，探望時間變短，次數也
減少，而且不想給她緩和護理。當醫生出城時，病
人去世了，並且由於和醫師聯絡困難，家屬在經過
2天之後才得知死訊。

這種退縮或不參與，是以一種不成熟的方式來對待病人
的分離現象，那是根源於害怕死亡和無法阻止死亡的罪惡感
的結合使然。醫護人員可能甚至不自覺的有這種退縮行為的
發生，而且合理化地認為病人已經不再需要她（或他）。假
如，醫護人員意識到照顧臨終病人的不安，則罪惡感可能會
升高（「我不只不能阻止死亡，我也無法給病人在死亡時足
夠的照顧」）。

在其它情況下，醫護人員可能太過投入於臨終病人和家
屬之間，而強迫去挽救病人，並為病人的全部照顧負起責任，
也甚至可能推薦未經證明或核准的治療方法。

# 個案研討㈡

貝姬，一個5歲女孩，在頭痛和斜視（斜眼）症狀
下，被診斷出患有腦瘤。過了十八個月，雖然做了

放射和化療，然而仍然無法挽救她的生命，疾病情況越來越壞，最後她死了。她主要的照顧護士的女兒也是5歲，也叫貝姬，這位護士全程參與這個小女孩的治療，經常做家訪，鼓勵家屬多諮詢和提供其它意見，並且做二次諮詢檢查與醫師的治療。當諮詢者之間或病人照顧之間溝通不良時，這位主要的照顧護士就對醫師或其他醫護人員狂怒。在最後這位小女孩死去後，她幾乎有一個多星期無法工作，也開始想要調到比較沒有壓力的單位。

這個個案中，醫護人員變成家屬的一部分，反應如同家屬一般，對不可避免的死亡的感受尤其痛苦，醫護人員可能怪罪其他工作人員，到後來，可能導致與其他工作人員的分裂，認爲他們自己是在保護病人的利益，因而不惜與團隊對抗。或者這位醫護人員可能認爲家屬沒有好好的照顧病人，也可能和病人聯合起來對抗家屬。如家庭醫師Murray Bowen（1976）所指出的，醫護人員和家屬在死亡時的強烈情緒反應，可能會扭曲溝通，導致衝突，形成二個小團體對抗。

不幸地，許多臨終病人並沒有受到其主治醫師或主要的照顧護士的照顧，或事實上也沒有人認識他們或他們的家人。在許多主要醫學中心，病人是由一組健康專業人員照顧，其中包括護士、住院醫師及諮詢者，沒有其中任何一個人單獨負責的情形產生。家屬的接觸主要是透過定期調換的住院

醫師，病人和家屬可能無法得知所有疾病的解釋、診斷和治療，所以經常發生溝通不良和混亂的情形。甚至是有些時候，末期疾病的診斷只告訴了家屬，却並沒有告訴病人（或是相反的情況）。有關如何積極治療，以及病人在心跳停止時，是否要做心肺復甦術……等問題都常被避免掉。

　　家屬顯然在病人死亡時最容易忽略其需要，許多醫護人員相信他們的責任只限於病人，當病人死亡時，他們的參與便終止。而家屬可能是經由不認識的人來告知死訊，而此位陌生人却要求解剖驗屍或器官捐贈。如果病人死亡時家屬不在醫院，屍體很快地會被移到太平間，讓家屬都來不及向死者做最後的告別。

　　健康專業人員（尤其是醫師），由於並沒有接受過協助悲傷家屬的訓練，因此當他們與痛苦哭泣的家屬在一起時，可能會感到不安。如前面所提到的，他們可能因為由於無法阻止死亡而有罪惡感，或覺得完全地無助，無法事先阻止死亡，現在也無法解除家屬的痛苦。醫師傾向於以行動為導向，一連串對「做一些事（do something）」的爭執，這使得他們給予不成熟的保證（「他絕不會受苦（he never suffered）」）、忠告（「試著不要去想它（trynot to think about it）」），或開一些安眠藥。這些幾乎沒有幫助，實際上對於正常悲傷的過程，這些方法可能有害。幸運地，一些醫護人員在喪親期間能給予家屬最需要的，包括同理心的傾聽、不加任何批評或建議。

　　在生病末期或喪親期間，家庭問題和失去功能常常變得

更嚴重或更明顯。家人之間的衝突也更突顯，其焦點通常放在病人身上。有關誰必須照顧病人，誰要提供末期照顧，如何處理病人的財產和繼承等問題的爭執都會發生。家屬此時可能試著要醫護人員偏祖自己一邊，可能打電話向醫護人員抱怨其他的家屬。大部分的醫護人員在如何協助家庭問題，如何決定什麼問題可以參與、什麼問題需要轉介給家庭治療師等等，這些方面並沒有受過訓練。

在緊急階段之後，對悲傷家屬後續的照顧和支持，在美國醫療照顧上很少實施。在一項死亡後家屬與醫師溝通的研究發現，一半的喪偶配偶在後續的一年，沒有和死者的主治醫師連絡過。這顯示了一項被忽略的事實：在一年以後，喪偶的配偶仍然對死亡的問題沒有得到答案。沒有一位醫師參加過死者的喪禮（Tolle et al., 1986）。另一項調查中則有6%的醫師表示，他們在喪禮之後與家屬有做例行的接觸（Tolle ct al., 1984）。顯然地，病人死亡後，醫護人員與家屬間需要更多的接觸，以促進雙方的利益。

## 給醫護人員的建議

幾乎少有研究文獻引導討論臨終和死亡時，醫護人員應如何與家屬互動的問題。以下的討論主要是根據我們的臨床經驗，和我們自己處理家屬問題上的一些評估。

對醫護人員而言，要充分的處理臨終病人和家屬，他必

須相當地坦然面對死亡和死亡後所面臨的一些問題。如果醫護人員對於自己原本家庭的死亡問題無法解決，那麼首要之務就是必須去解決。照顧臨終病人和其家屬可能有相當大的壓力，需要有同僚的支持和協助，找機會討論困難的個案，分享罪惡感和饋乏，並有時接受一些忠告。雖然醫護人員間經常討論個案，但總是限於醫藥的層面上，很少參與情緒反應的分享。在一項小兒科實習醫師的研究課程裡，有針對如何幫助實習醫師照顧其病童和家屬做訓練（Berman and Villarreal, 1983）。參與者報告指出，這課程讓他們對死亡的了解體認更深，如此有助於他們調適照顧臨終病童的壓力。家庭治療師Susan McDaniel和其同僚（1986）則描述了利用健康專業人員團體提供醫療無效的個案（有關生物社會心理方面的諮詢）：此團體除了提供互換意見的機會、互相支持、協助診斷和治療計畫之外，亦探討醫護人員自己的家庭動力如何影響每個個案。

　　每一次的死亡之後，醫護人員也經歷一次喪失親近的人的體驗（Pasnau and Hollingsworth, 1977）。為了使自己能幫助悲傷的家屬，醫護人員要能面對自己的悲傷情緒；他們往往傾向於減低病人死亡所帶來的衝擊，而只討論死亡的醫藥部分。我們相信醫護人員須找時間和其臨終病人告別，如果可能的話，去參加他們的喪禮；如醫護人員對死亡感到不確定或有罪惡感，則可與同事討論此案的重大部分。醫護人員錯誤尤其難以處理，處於我們目前處置不當的環境下，沒有機會讓醫護人員承認或受到原諒（Hilfiker, 1984）。

在疾病的末期，承擔起病人與家屬照護的協調和溝通，對醫護人員，尤其是主要照護醫師，是相當重要的。最理想的是，醫師和主要的照顧護士定期地與病人、家屬開會，討論往後和疾病的治療；在病人死亡時，要立即告知家屬，讓他們有機會見病人最後一面並做告別（Hollingsworth and Pasnau, 1977）；而有關解剖遺體或器官捐贈的問題，則應該由主治醫師來做。除了提供死因之外，健康專業人員要隨時給予家屬支持，並藉由醫師的保證或解釋，來分享他們的悲傷情緒。當醫師以及護士接受這項挑戰時，他們會經歷到來自於幫助家屬早期悲傷情緒的那種甜蜜哀傷（Sweet Sorrow）。

在喪親期間使用治療精神藥物的做法倍受爭議。鎮靜劑與安眠劑，主要的有benzodiazepines，例如Valium是最常使用的藥。一如前面所提及的，研究證實喪親期間的使用量會增加（Parkes, 1964），而對剛開始使用的人也會持續使用至少二年（O'Brien, 1986）。鎮靜劑能幫助喪親家屬在短時間之內感覺比較舒服，比較不會有明顯的壓力或哭泣。然而，許多專家相信鎮靜劑可能阻斷正常的悲傷過程，而導致無法解決的悲傷反應（Osterweis et al., 1984）。尤其在重要喪禮或清醒時不要使用這些藥，因為鎮靜劑的副作用可能會使個人不記得這些重要的事情。抗沮喪劑和神經安定劑在這段期間最好少用，除非有嚴重的精神疾病出現才服用。

大部分喪親家屬在病人死亡後的頭幾個禮拜，接受到相當多的支持。在一、二個月後，朋友便停止來訪，並期待家

屬不要再悲傷，繼續過「正常生活」。他們可能試著讓喪親者快樂起來，讓他（她）多與社會接觸。這些幫助經常會產生反效果，因為對他們來說都太快了，更使得他們感到無助。所以這段時間醫護人員持續的參與就更加重要。假如健康專業人員在病人和家屬照顧一段時間後，就不再做任何聯繫，則家屬可能會感覺到一種額外的失落。

我們建議健康專業人員以打電話、到辦公室拜訪或做家訪的方式，持續追蹤喪親家屬。在開始的幾個月，每二到三個星期打一次電話，詢問其他家裏成員並回答問題。理想上，在親人死亡之後的四到六星期能安排一次辦公室拜訪，在此拜訪中，可以談及解剖屍體結果（如果有的話），或其它死亡的問題。討論一些正常的喪親問題也是有好處的。這些家屬可能會覺得快要發瘋了、想哭、沒有力氣，或被死去的家人占據。正常化這些症狀是非常具治療性的。此時，可評估其適應的好不好？一些不正常的悲傷徵狀包括：(1)持續強迫性的過度活動而沒有失落感；(2)把自己當成死者，感染了死者的一些疾病症狀；(3)健康情形惡化；(4)與世隔絕、退縮，或孤立；並且(5)嚴重沮喪（Lindemann, 1944）。如果家屬有這些悲傷的生理疾病出現，必須轉介到相關單位，做進一步的評估和治療。

在喪親之後的二到四個月間，要鼓勵家屬做一次徹底的健康檢查。喪親是具有壓力的事件，許多早期研究證實，喪親對疾病和死亡而言都是具高危險性的危險因子，就如同評估家屬如何適應，也要詢問有關是否有增加使用酒精、藥物

或抽煙等。酒精和藥物濫用可能在此期間開始。

　　大部分喪親家屬不必從醫護人員那裏得到正式的幫助就可適應的很好。然而，有些家屬仍然需要轉介和諮詢的幫助。喪親諮詢幾乎在所有學校的心理治療都會做，他們的理論取向、治療長短和目標各有不同。可由主要的醫護人員來做諮詢工作或心理保健工作者，或神職人員，或是一般諮詢員。當轉介做心理治療時，最好全家參與剛開始的評估工作；有明顯問題的家屬可把悲傷表達給沒有悲傷的家屬，並試著使其快樂起來。

　　這些給醫護人員的建議是根據我們的臨床經驗，和現存的醫療文獻，不幸地，並沒有研究有關這些方法的介入對家屬的衝擊，而只有少數針對個人在喪親時接受諮詢和支持衝擊的研究，但並沒有針對家屬。

　　過去十年，已經有許多互助團體或自助團體成長。他們幾乎存在於每個有問題的地方。其中最成功的幫助喪親團體是「寡婦對寡婦的課程（Widow to Widow Program）」（Silverman, 1970），此課程在1960年代開始於波士頓，並在美國退休者協會的贊助之下，其課程推廣到整個國家，除了給予情緒支持，亦提供特殊訊息幫助寡婦調適。這些課程許多地方都各獨具特色；都是往外延伸的課程，所以寡婦們不必向外尋找任何支持，由局外人提供支持，沒有絲毫精神照護的感覺。所有的接觸都是一對一的方式，由於寡婦們不喜歡參加團體活動，第一次接觸是在配偶死後的六星期，研究顯示這是比較容易被接受的時間。這些課程的主要目標不

是恢復，而是使其適應一種新的情況——做寡婦（Widow-hood）。

# 結論

　　科學家和醫護人員正開始去發掘交織人體、心靈和社會群的複雜網絡。我們相信家庭生活是人類生活的這三種次元最緊密連結的地方。我們的家庭使得我們處於家庭壓力時變得脆弱且容易生病；也是我們處於個人不適時提供給我們保護，而免於疾病的侵害。喪失家人可能是個人和家庭幸福的最大威脅，而家庭也是最需要從其廣大的親戚、朋友、專業人員、社區……等網絡，去獲得營養的補充。當醫護人員對於人類生活互織的網絡有更深了解時，則更能期待他們參與更多臨終病人、家庭的全程治療，及學習一種新的生活。

# 問題討論

1. 家庭以何種方式成為壓力來源，而影響家人健康？社會對家庭的支持又如何影響其健康？
2. 喪親造成的主要生理和心理健康的後遺症是什麼？那些因素可減少其對健康的負面影響？
3. 在照顧臨終病人和家屬時，醫護人員最常經歷到的問

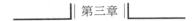 

題是什麼？醫護人員和保健機構如何能把這些困難具
體表達出來？

# 建議讀物

Antonovsky, A. (1979). *Health, stress, and coping*. San Francisco. Jossey-Bass.

Cohen S., & Syme, S. L. (Eds.). (1985). *Social support and health*. Orlando, FL: Academic Press.

Hollingsworth, C. E., & Pasnau, R. O. (Eds.). (1977). *The family in mourning: A guide for health professionals*. New York: Grune & Stratton.

Osterweis M., Soloman, F., & Green, M. (Eds.) . (1984). *Bereavement: Reactions, consequences, and care*. Washington, DC: National Academy Press.

# 第四章
# 家庭疾病評估

　　健康評估或診斷經常被認為應該是由醫師和其他健康專業人員處理的過程。在此種刻板印象中，當一個人有了一些引發不舒服的症狀時，就會去找醫師診斷和治療。評估是一種專業的行為，要求曾經過密集的專業訓練，而病人的工作就是接受醫師的決定和處理的方法。

　　事實上，健康症狀的評估是一種個人和社會複雜的活動，大部分是在專業機構之外進行。大多數的研究，針對許多參與的家庭做每天的健康日記，這份「健康日記」驗證了，在事實上健康問題有很多並不是在醫師的診所內可以治好的。家庭醫學科的醫師 Raymond Demers 和其同僚（1980）要求107位個案每天記錄健康日記，維持超過三個星期的時間。這些個案由一個健康、受過良好教育的團體成員所組成，他們登記參加一個預先付費的保險計畫。研究人員發現所有個案在研究期間內幾乎有一半的時間，都會經歷到一項健康問題。而另一項由小兒科醫師 Joel Albert 對低收入家庭所做的研究中發現，個案有更多的生病日（illness days) 記錄 (Albert, Kosa, and Haggerty, 1967) 。

　　在這些研究裡，個人所經歷到的主要症狀是什麼？呼吸問題、腸胃問題、意外或傷害、皮膚問題、情緒／心理問題及頭痛等。個案所報告的這些普遍性問題，不足為奇的是，只有少數的問題個案會去找醫師：花幾小時或幾個星期待在醫師診所把病治癒。在Demers等人 (1980) 研究報告中，只有少於6%的人有問題會去找醫師，而這是在一個不必付費的設施中求助醫師、打電話、拿藥。其它由社會學家I. K. Zola (1972) 所做的研究報告指出，約10%到30%的人有健康問題後會去找醫師。

　　如果有症狀的人們不看醫師，那他們又做了什麼？大部分由社會學家和人類學家所做的研究顯示：個人傾向於和家人或好朋友討論其健康症狀 (Albert et al., 1967; Kasl and Cobb, 1966; Litman, 1974) 。這個親友網絡幫助個人決定問題的大小和嚴重性，並決定是否要去求醫。大部分時間診斷和治療都在家中處理。因此，專業人員也經由參考家人提供的消息估評健康問題。

　　一個為Doherty和Baird (1983) 所使用的觀念，被用來描述影響健康評估的中心家庭或是「家庭健康專家 (family health expert) 」。雖然此角色的描述大多是根據臨床的觀察，而非直接研究資料所得，但Doherty和Baird相信大部分的家庭，會指定一個人擔任健康問題的專家。傳統上，太太／媽媽經常扮演家中的這個角色，而祖母也一樣，但這個角色也可能由健康專業的男性或女性家人來擔任。從一個

醫療的觀點，家庭健康專家可能是醫療人員需接觸的關鍵性
人物，經由與他／她商量，可在病人的診斷和治療計畫上達
成一致的共識。在日常健康和疾病事情上，祖母的權威可能
比醫師大。

　　因此，疾病評估的社會過程似乎主要發生在家庭裏，而
且大部分強烈地受到家庭中健康專家的影響。在疾病評估
上，家庭與專業人員如何不同？或用Kleinman（1980）的
術語，家庭對於疾病和治療的「解釋模式」（explanatory
models）如何不同於專業人員的「解釋模式」？下面的個
案研討可以說明這些在操作上的不同。

# 個案研討㈠

　　凌晨二點，Crosby醫師被叫到急診室治療一位六
歲名叫Jennifer Scott的女孩，她患有喉嚨痛和發
燒。在檢查室中，Jennifer的雙親陪她，他們相信他
們的女兒Jennifer得了重病，而感到相當地煩惱。他
們告知Crosby醫師Jennifer大約是在睡覺時間（晚
上九點）發燒。那時，Jennifer因為不舒服而睡不
著，所以他們決定把她帶來急診室。急診室的護士
把他們的家庭醫師Crosby請來。檢查結果顯示，體
溫華氏101度並有著輕微喉嚨紅腫現象，沒有其它疾
病症狀。在生氣和睡意的情況下，Crosby醫師生氣

的問家屬，爲什麼在這時候將只是輕微的發燒和喉
嚨痛的小孩帶到急診室。家屬防衛性地回答，一小
時前小孩發燒的溫度更高，並要求醫師再做進一步
的診治，以確定Jennifer没問題。醫師回答檢查只是
浪費錢，並告訴他們讓Jennifer休息三天，並服用
Tylenol的止痛劑，如果三天後喉嚨痛没有比較好，
再帶來門診即可。這對父母，不知是因爲Jennifer没
事而大鬆一口氣，或是因爲Jennifer没有嚴重的病情
而覺得對不起Crosby醫師，只好靜靜地從出口離
去。Crosby醫師事後則氣沖沖地把門大力一關離開
急診室。

## 個案研討㈡

　　第二天早上，Erskine太太帶著四歲的Johnny去給
Crosby醫師看，因爲Johnny一直抱怨耳朵痛。經
Crosby醫師的診斷Johnny爲患有急性中耳炎，開了
十天份的抗生素，並要他們在二個星期内回來複
診。

　　但是他們並没有在二星期内回來複診，這位母親
和小孩在四星期後才回來複診，這時Johnny的耳朵
痛又開始了。詢問之下，Crosby醫師發現Erskine太

太只給Johnny服用四、五天的藥，也就是當Johnny
的耳痛症狀不見了就停止服藥。Crosby醫師想起過
去Erskine太太常犯這類的毛病：沒有照醫師指示
回來複診，不重視小孩的健康檢查，而是自己決定
怎樣去做，並沒依照醫師的處方。Crosby醫師對無
法治好她兒子慢性耳朵問題感到相當沮喪，所以對
Erskine太太這種不負責任的行爲沒有多少耐性。他
生氣的告訴她，除非她能依照醫師的處方給小孩服
藥，否則他就不再看她兒子耳朵痛的毛病。隨後，
Erskine太太表面心虛地同意會做得更好，但在離開
診所時，她心裏却想著要爲她兒子找更好的醫師治
療。

　雖然家庭與醫療專業人員二者之間，對於健康與疾病評
估的解釋模式大大不同，然而我們相信以下兩種差異，發生
在大部分的家庭與接受傳統醫療訓練專業人員（在當代北美
文化下接受生物醫學模式訓練出來的專業人員）之間：

**強調主觀相對於客觀**（emphasis on the subjective versus the objective）　醫療人員經過訓練，依照疾病所產生
的生物變化加以判斷，如血中或尿中的細菌，以及測量血壓
和血糖，並沒有一些客觀的生物醫學解釋模式（Engel,
1977）。而另一方面，在個人和家庭方面，傾向於把焦點集
中在疾病的主觀層面上，也就是最主要的立即發生的問題，
像是引起家人的疼痛和不舒服；也會對明顯的生理症狀反應

強烈，例如體溫（那對醫療人員來說可能只是次要的）。在上面第一個個案中，對父母的解釋模式是：強調小孩子的主觀不舒服（像喉嚨痛）以及小孩的體溫略高，然而醫師却會注意小孩沒有其它嚴重生物疾病的客觀指標。

　　除了和症狀有關的立即主觀煩惱之外，精神科醫師Z. J. Lipowski（1969）提出了個人和家庭對於疾病的歸因具有四種意義：(1)威脅（threat）——對生命，或對生活的某些方面的功能有所威脅；(2)失去（loss）——功能或角色的失去；(3)獲得（gain）——解除不必要的角色；以及(4)無意義（insignificance）。而醫療人員方面也可以說是歸因有四種相同的意義，但並不與病人和家屬相同。對醫療人員而言，無意義的健康問題（例如，不重要的喉嚨痛及輕微發燒），可能會威脅家屬對小孩將來幸福的感覺。而對家屬無意義的問題（如血壓），對醫療人員來說可能會嚴重威脅病人的生命。明顯地，此種情況是因為潛在的誤解和衝突所造成。

　　**人際間的組織，相對於流行病學的組織**（interpersonal framework versus epidemiological framework）　醫療人員所接受的訓練，在評估症狀上，以某些疾病有關的或然率名詞（流行病學研究人口中疾病的發生和流行）而言，例如，發燒是一種普遍的，非特殊的症狀，可能發生在許多疾病上的一種症狀，也可能不是疾病的症狀。醫師傾向於不擔心發燒，除非有伴隨其它症狀，或者是小孩的發燒。另一方面，家屬却傾向於把發燒和其他家人或朋友的經驗想在一起。假如表哥Freddie在六個月前只是簡單的發燒，後來變成

腦膜炎，那麼這位家人在發生重大疾病時，潛伏發燒的機率就相當高。對一位流行病學家而言，或然率類似於在1000位小孩子發燒的案例中，可能只有一位會得腦膜炎，而對這個家庭的或然率則可能是10位中就有一位，而這位Freddie就是在近親家族10位小孩子中的1位。相同地，例如，在家人的記憶中沒有人死於中風，則醫療人員可怕的警告：高血壓與中風的或然率，可能成為家庭自己人間流行病學的犧牲品。

　　本章下一節會更詳細檢閱一些家庭所做的健康評估研究，換句話說，像是為了孩子的疾病去諮詢醫生等研究。

# 父母與小孩對醫療照護的使用

　　如前面所提到的，理想化的健康照護所使用的模式是父母要客觀的評估小孩的症狀，如有必要，把小孩帶到醫師診所做專業的評估，但是，許多醫療的經驗和醫學研究報告都與此一觀念不符。在這節中，我們將討論在此領域中一些相關的研究結果。

　　一個由Klaus　Roghmann以及Robert　Haggerty（1973）從Rochester大學的小兒科部門所做的研究發現，小孩的疾病與父母對尋求醫療支援的決策這二者之間有關聯性。由512個家庭中隨機選出的母親，同意為她們的小孩連續28天做健康日記。她們記錄家中輕微病例事件、疾病過程，及家人使用健康服務的情形，結果發現在缺乏疾病的記錄

時，家庭壓力促使利用醫療資源的可能性會增加（其中有
30%是為了母親，9%是為了小孩）。有趣的是，在疾病發生
時，為了小孩利用的可能性如預期般的增加（23%），而為
母親利用醫療資源的可能性則減少（-15%）。筆者對此項發
現的解釋如下：

> 　母親通常可能視壓力為其自己罹患疾病的原因之
> 一，而不把壓力當成是一般的疾病。然而，她們會
> 認為對小孩而言與壓力有關的疾病是很重要的，而
> 且甚至會比一些非與壓力有關的疾病有更多的處理
> 及做法〔Roghmann and Haggerly, 1973, p.524〕。

　當父母帶小孩去看醫生時，醫生經常把焦點放在檢查小
孩的身體症狀，而不是父母的關心及擔憂上（Korsch and
Negrette, 1972）。父母們經常沒有說出會導致他們帶小孩
看醫師的擔憂是什麼？醫師Lee Bass以及Richard Cohen
（1982）調查父母們的「緊急就診的理由（actual reasons
for coming）」（當他們帶小孩去看醫生時）。在他們研究
370位小兒科病童中，作者在例行的醫藥問答中，另外加了二
個問題問父母：「你最擔憂關心什麼？」和「有什麼特別讓
你關心或擔憂的嗎？」，這二個問題引出了許多以前沒有說
出來的問題，包括家族中嚴重或威脅生命的病史、害怕失去
和分離、害怕小孩死去，以及其他家人被逼著回答小孩的症
狀。同樣地，心理醫師Dennis Turk和Mark Litt以及Peter
Salovey（1985）也提出報告：在較低社經地位的團體中，

家族史有類似問題，可做為母親會不會為小孩利用急診的預測指標。

　　父母們自己使用健康照護在許多研究中可以用來間接測量他們對於醫療照護的信仰和態度。健康策略學者Paul Newacheck和Neal Halfon（1986），從全國健康總檢調查中的大量樣本裡——研究母親和小孩看醫師之關聯性，結果顯示：母親的使用型態，是一個比較好的可能性預測，其小孩看醫師超過一年的時間，比小孩本身測量健康狀況還多。這個發現與社區醫療學者Marian　Osterweis和其同僚（1979）的研究相符合，這顯示了其他家人的醫療使用，是個人使用的強力預測指標——甚至比個人的疾病的預測性還要高。換句話說，這些研究顯示：除了小孩出現的疾病之外，父母們自己使用的健康醫療服務，是小孩願意使用醫療的一項重要指標。

　　大部分研究父母對小孩使用健康照護的影響多依賴母親的報告。在許多研究中，父母意謂著媽媽。很少有研究討論父親對小孩健康醫療的影響。但有二個例外則顯示相反的結果。流行病學家Herman Tyroler和其同僚（1965）發現，在預防性健康行為上（例如免疫及牙科服務），在父親——母親——小孩三者的組合中是相同情形。母親——小孩的配對組合最相似，父親——母親組合其次，父親——小孩之間的相似性最低。研究人員結論：父親對小孩的影響遠少於母親。流行病學家T. Ann Gorton和其同僚（1979）在一社區人口中，檢視家庭成員二種疾病行為的類似性：在為期四週

的症狀數和看醫生的次數。作者假設母親——小孩這組在二種疾病行為中應該最類似，但是實際上他們卻發現在父親——小孩這組最類似，而母親——小孩組和所預測的類似，沒有不同。而此研究的結論是：父親的健康行為比前面的研究更會影響小孩。

　　以如此有限和相反的發現，父親對小孩的健康影響也很難獲得清楚的結論。所以，需要更多的研究支持父親在家庭與健康方面研究的角色。

　　總之，家庭對家人的健康評估，及家庭決定尋求醫療照護上，雖然在主觀上對身體狀況可能沒有什麼幫助，但是有許多臨床醫護人員卻對家庭影響就醫這點感到有興趣。大部分人會經歷到一些常碰到的不適生理症狀，但是他們寧願留在家中處理這些問題，而不願就醫。例如家庭醫師Michael Glenn（1984, p.41）觀察：「家人經常有一些標準，使用在別人正式認定之前來衡量疼痛有多厲害，在看醫師之前，來判斷它有多嚴重」。當家人真的要去看醫師時，生理症狀的自然表現，只是決定看醫師的原因之一。

## 醫護人員——家庭間健康評估的互動

　　在本章前段，我們談到臨床醫療診斷和家庭健康評估。我們提到許多臨床醫護人員，尤其是醫師，對疾病和治療抱持相當狹窄的生物醫學解釋模式。我們回顧許多的研究角度

是基於家庭評估過程的複雜性。基於此種討論觀點，不足為
奇的是，許多醫護人員／病人／家庭間的互動，缺乏如醫護
人員所期望的那種合作。當病人沒有依照醫護人員的勸告處
理病情時，醫護人員通常使用的術語是「不合作（noncom-
pliance）」。在現代醫學上文獻記載著許多重大病人的不合
作事件，尤其以公共衛生小組Haynes和Taylor以及Sackett
的記載是最多的。高血壓就是一個很好的例子，由於它是一
個易於診斷，又嚴重的醫療問題，且證實已有效的治療方法。
由公共衛生學者和健康心理醫師所做的各種不同研究，已顯
示超過50%的高血壓病人，在發病一年內很容易就中斷治療
（Caldwell et al., 1970; Wilber and Barrows, 1972）。
而在持續治療的病人中，有40%的病患沒有服用足夠的藥物
來控制血壓（McKenney et al., 1973）。研究合作高血壓醫
護人員根據實際經驗發現，只有1/4的高血壓病患有確實的在
接受治療，而其中只有一半的病患真正的在控制他們的血壓
（McKenney et al., 1973）。

　　除了這項實際的經驗證據證明，病人和醫護人員間的合
作關係不是很好外，並無許多研究可以指引我們討論醫護人
員與家屬之間的關係，或有更好的方法可以用在家庭健康評
估上。因此，在本書中的許多討論，都是根據作者的經驗、
意見和價值觀，並配合現有適合的文獻支持來進行的。

# 個案研討㈢

　　S先生，55歲的男性，到Crosby診所做職業性健康檢查。他的血壓爲160／105，Crosby醫師告訴他，他可能有高血壓，並要他再回來做進一步的血壓檢查，以確定是否患有高血壓。當S先生回家告訴他的太太和十幾歲的小孩時，他們都認爲很可笑。他們說，家裏沒人有高血壓的病例，何況，S先生是最不可能「緊張」的人。他的太太確定他的血壓高是因爲昨天在工作時和老闆吵架引起的，所以S先生就沒有再到Crosby的診所做進一步的檢查。

　　就如同本章前面的二個個案的模式般，S先生和健康照護系統間的互動，包含著健康評估網絡與解釋模式的無形衝突（Kleinman, 1980）。每個家庭可被視爲其自成的一個文化，而家庭傾向於聚集文化團體。明顯地，病人與家屬間文化差異遠大於醫師與健康專業人員之間的，醫護專業人員多數是白人、中產階級，並以科學、理性的組織爲導向。

　　當家庭的解釋模式與占優勢的醫護人員之生物醫學模式發生衝突時，會發生什麼情形？首先最可能發生的是誤解（misunderstanding），接著是不合作（lack of cooperation），且以負面標記（negative labeling）和挫折（frustration) 收場。這三種最普遍的標記,在我們的經驗中,指的就是愚蠢、不負責和過分保護。愚蠢歸因於病人與家屬不願意改變其行為來面對醫護人員所呈現的清楚事實。上例中S先生和他家人可以被視為愚蠢。而在小孩耳朵痛的例子,那位母親,Erskine太太,可以加上「不負責」的標記:她太懶、太不注意要給小孩適量的抗生素。在Scotts家的例子,這對心急如焚的父母把小孩帶到急診室,可加上「過分保護」的標記。有媒體曾報導過,在1980年代早期,有時父母拒絕給患有白血病的孩子做化學治療,當時媒體幾乎普遍的給這對父母冠以「愚蠢」和「不負責」的標記。

當然,父母們也對於醫護人員加上他們自己的標記,尤其是那些與他們有負面互動的醫師們。這些標記像是:遲鈍、粗魯、自大、自以為是救命恩人。

造成這種使醫護人員負面的形象更形複雜的是,美國醫師傾向於由個人去承擔其病人的健康與疾病的重責大任。因此,家屬和病人的不合作在醫師看來,被視為是一種個人的侮辱:醫師被訓練成用理性的方法來治病,而這些人阻礙了醫師控制與成功治療。對醫師本身信譽而言,醫師和專業人員最在乎的是他們解除病痛的能力。如上面引述的例子,當醫護人員覺得其時間和專業訓練無法善用時,必然相當沮喪。家庭文化和專業文化之間發生衝突時,幾乎家庭文化表現的結果都相當差(至少在某些專業人員的眼中是如此)。醫護人員在這種衝突上可能會贏,但家庭仍會遵循它的老方法去做,這將使專業人員更加沮喪。

　　許多時候解釋模式的衝突也會發生在一些專業判斷要改變的問題上。在1940和1950年代，小兒科醫師發起一項重大的公共活動：有關鏈球菌感染喉嚨引發風濕熱的危機意識，並鼓勵家長當小孩子喉嚨痛時，要帶去檢查。但因為風濕熱病例明顯地的下降，且無法清楚得知是否是因為治療鏈球菌感染的喉嚨，使風濕熱危機消除，所以，現在許多醫師並不鼓勵喉嚨發炎的小孩做喉嚨培養。另一更戲劇性的例子是，醫學界對扁桃腺切除態度改變，以前大家鼓勵切除扁桃腺，但現在幾乎都不鼓勵切除。通常新的醫學觀念確立，醫護人員就是認為病人和家屬也必須馬上跟進。但是，家庭在健康方面都有長期的記憶，有的是好幾代以前傳下來的醫藥傳統知識，有的是家庭祖傳秘方。所以希望家庭儘快改變某種觀念，是不切實際的想法。

　　另一個醫學觀念的改變是有關於嬰兒的餵食。嬰兒副食配方首先被發展出來時，醫師大力推薦副食品比母奶好，鼓勵母親在嬰兒成長的前幾個月就開始餵食固體食物。而當母奶的好處再度被證實時，又鼓勵母親儘量餵母奶，盡可能晚一點餵食副食品。使得一些專家又開始爭議，母奶太過於強調。所以，家庭為何總是跟不上醫學風氣是不用懷疑的。經常今日愚蠢、不負責，或過分保護的家庭，是昨日被告知醫學知識的聰明消費者。

　　有時候彼此互相加標記，誤解的過程也會伴隨著有醫師過度負責感和病人與家庭產生社會心理問題，而可能導致問題的擴大。在一篇有趣的文章標題〈醫師──病人權力爭

扎:其不合作的角色〉(Physician-Patient Power Struggles: Their Role in Noncompliance) 中,家庭治療師 Joellyn Ross和Etienne Phipps (1986) 描述可能發生在醫師和「不合作」病人之間相互影響的動力學。他們指出,當病人沒有比較好時,醫師會自我懷疑,感覺自己不好或有弱點。醫師這種自然反應會促使其努力去處理病情,並要求病人一定要合作。而病人對於這種積極性的控制會表現出反抗,而更加不合作,當然病情也沒有好轉的趨勢。Ross和 Phipps (1986, p.100) 在重新評估一個典型的個案之後,描述了以下的感覺:

> 醫師和病人陷入一種「不相容的階級組織 (incongruous hierarchy)」,其中病人的不合作態度變成維持病人與醫師之間的平衡力量。每一方都努力地想以控制症狀來控制另一方。病人處於無法控制醫學問題的弱勢地位,同時也處於不合作的優勢地位。醫師因其專業角色而處於較優勢地位,但病人的不合作造成醫師治療無效,變成屬於劣勢。矛盾的是,為了要位居控制地位,病人在面對醫學問題時同時不受控制。假如病人合作且病情好轉,則二者的抗爭便結束,同時關係也容易改變。有時候在這許多的情況之下,醫師變得無助、挫折、退縮,並轉介病人到別處。或者,病人變得沮喪,而更換醫師或拒絕治療。

　　從複雜、扭曲的情況，直到醫師與病人之間較簡單的誤失，解釋模式的衝突是醫療照護最困難的情形之一。假如醫師根據科學標準所做的診斷在我們文化中不具價值，則人們就不會常去找健康照護的專業人員。顯然大部分的病人和家屬都希望從醫師的專業技術中得到好處。然而大部分的醫師也希望能在其有限的訓練中提供真正的幫助。主要的健康醫療訓練的困難，在於傳統訓練強調健康醫療的生物醫學層面，而忽略了心理精神層面。雖然在過去十年裡，護理、家庭醫學、小兒科已經在訓練課程中，向生物、社會、心理領域邁進一大步，但我們相信，目前大部分的執業醫師仍缺乏以建設性的作法來處理解釋模式的衝突。

## 給健康專業人員的建議

　　感謝臨床上家庭健康評估的重要性，為醫師和新的治療方式開啟豐富的資訊大門。可能對大部分醫師最難的挑戰是接受社會自然的診斷。診斷並非僅是醫師頭腦的內部活動，如Glenn（1984）所指出，診斷是包括：醫師、病人、家庭、其他醫療人員，及廣大社會網絡之間的一種社會契約。一個醫學的診斷是一種「共享的意見（shared opinion）」，而非一種客觀事實的陳述。假如此種陳述是一種根深蒂固的想法，那麼想想為何診斷分類的內容和做診斷的過程，在數世紀以來不斷發生重大改變呢？診斷只不過是醫護人員與病人

間共同堅持的意見。假設大家沒有提出健康問題的意見來共同分享，那麼是很難期待醫護人員與病人間能長期合作的。在Glenn（1984, p112）有關醫護人員與病人之間的關係寫到：

　　除非有某種同意協議，否則每人都有自己的看法，各懷自己對與錯的觀念。行動也不會一致。再者，缺少互相溝通，容易產生誤會別人的用意和想法，其關係也更形惡化，無法建立公然的接觸，也可能導致明顯的衝突。

　　當醫護人員把握住社會自然診斷的過程後，下一步所面臨的挑戰是去發展關於病人與家屬健康醫療解釋和研商共同意見的技巧。因為許多病人和家屬不願在醫護人員的面前顯得無知，所以在其健康問題上的解釋總是表現的沈默。也因此，病人與家屬會被動地承認醫護人員的診斷，但不一定真正的願意。所以醫護人員要用各種方法去鼓勵病人和家屬討論健康評估，而不要去害怕任何批評。家庭醫師Robert Like和R. Prasaad Steiner（1986, p.90）提出以下的問題，能幫助醫護人員引出病人的解釋模式。這些問題並非是完全適合於每位醫護人員面談時的指導語。因此可視情形來加以斟酌修改：

　　*1.*你將你的問題稱為什麼？你知道這個問題有什麼名稱嗎？（病名）

2. 你認為是什麼引起你的問題？（病因）

3. 為什麼你認為它開始發作（仔細問法為它是什麼時間開始的？）

4. 你的疾病帶來什麼影響？它是如何的引起問題？

5. 它有多嚴重？它有短期或長期的影響嗎？

6. 你對疾病最害怕的是什麼？

7. 你的疾病引起的主要原因是什麼？

8. 你認為你該接受什麼治療？什麼是你在接受治療之後，最希望得到的結果？

我們也要增加一些與家庭和家庭健康專家有關的問題：

1. 你和家裏的誰討論過你的問題？

2. 在你的家中或親近的朋友圈中，有誰是你諮詢健康問題的對象？

3. 其他家人對你的問題有什麼意見？

4. 他們認為這個問題該怎麼做？

5. 你家中或朋友裡有沒有類似的問題？他們的結果是什麼？（他們怎麼了？）

　　除了這些詢問個別病人的問題之外，醫護人員有時更可以直接選擇打電話到家庭的參考團體詢問家庭成員對健康的信仰觀念。在任何一種情況下，醫療人員都必須確實得知家屬對於了解問題有興趣。沒有耐性或傲慢的反應會導致沒有用的訊息，或是在醫護人員與家庭之間埋下戰爭的種子。而

通常在長期的對抗中，家屬會因爲他們必須保護其自身尊嚴
而戰勝。

　　在醫護人員了解病人，並接受家屬所了解的問題之後，
接著磋商的過程發展出有關診斷與治療的共同意見。這個過
程對醫護人員更具挑戰性，因爲他們一向是接受生物醫學模
式的訓練，換言之，就是醫師開處方，病人合作（Doherty,
Baird and Becker, 1987）。但是有經驗的醫護人員學會去
尋找一種妥協，能讓治療關係繼續下去，而不是立刻接受家
庭堅持不合作，或與他們信仰不同的醫學診斷。許多這種協
調過程例子出現在Doherty和Baird（1987）的個案中。

　　回到本章的第一個個案：其中的父母相當擔心他們女兒
的輕度發燒和喉嚨痛，在引出家屬對其女兒問題的解釋模式
之後，Crosby醫師可以用以下的方法和父母討論：他可以用
尊重的態度去了解和接受他們面對緊急的恐懼，尤其因爲他
們曾經看到他們家族中有類似情形發生，結果變得很不好。
然後Crosby醫師溫和地重新告訴他們，以他醫學上的專業判
斷而言，他們的女兒並沒有什麼大問題，並解釋爲什麼他相
信孩子不是得了腦膜炎（meningitis）假如父母不相信醫師
的評估，醫師可以列出些檢查項目，但可以表達他的看法，
告訴父母，在此時，這些檢查的花費可能會很昂貴而且不是
非常必須的花費。假如父母願意等到第二天才檢查小孩，
Crosby醫師和父母們可以協議認同一些嚴重情況的指標：
如頸部僵硬或呼吸困難。如果孩子發生這些情形，則Crosby
醫師答應馬上去看小孩。而假如目前輕微的症狀在三天後沒

有好轉，則Crosby醫師可以在診所中做進一步的評估。

此一磋商診斷過程結果，是健康小孩和互相合作的醫護人員／家屬之間的關係。在合作研商診斷和治療計畫，醫師亦治療主要問題：父母的焦慮通常是很少能有理性的解釋反應的，也很少能提供情緒支持。Crosby不告訴父母他們的錯誤，只是告訴父母以他最佳的判斷而言，孩子並沒有患有嚴重的疾病。Crosby醫師藉由同意進一步檢查，表示接受父母是對的可能性。此一妥協情況要等待進一步結果才能斷定誰是誰非，而不必急於一時地去做進一步的診斷工作。在這過程中，父母和醫師雙方都會感覺被尊重。

如果醫護人員提議的診斷受到病人和家人的拒絕（例如以患高血壓男子做例子），則最好是醫護人員在磋商的開始時，要有接受病人和家屬有權力不同意醫療人員所提的醫學診斷的心理準備。一般而言，一個診斷含有一系列有關對於疾病發展的預期。醫護人員可以試著和家屬、病人磋商，假如症狀持續或如醫護人員診斷般的發展，則可以同意此診斷確實沒錯。例如，如果診斷是中或重要高血壓沒錯，則可預期其血壓可能持續升高數星期或數月。假如一次的判讀有誤，則血壓不會在數週或數月內持續升高。醫護人員、病人、家屬可以事先同意二個月的血壓檢測，以完成是否為高血壓病症的診斷，而不要去排斥病人和家屬不同意這種直接了當（straightforward）的診斷，醫護人員可以打開心胸，大家共同分享問題和治療。

在行為科學家Elois　Berlin以及家庭醫師William

Fowkes（1983, p.934）的文章中，在教導有關泛文化健康照護中，巧妙地總結一些有用的指導方針，並以首字母縮寫成LEARN的形式來加以呈現：

L　Listen：以同理心和了解的心情去傾聽病人的問題。

E　Explain：解釋你對問題的看法。

A　Acknowledge：承認、討論相同與不同點。

R　Recommend：建議治療。

N　Negotiate：研商同意。

Berlin和Fowkes指出，病人間文化和次文化的差異，阻礙了醫護人員對於有關病人和家屬所帶來的健康信仰的全程了解。對文化差異的敏感度和有意願與病人和家屬深談其健康信仰——這些特點對醫護人員來說，比進一步了解醫學人類學更重要。

# 結論

家庭評估人的健康和疾病是心、靈、歷史的特殊結合，他們的評估無疑地反映David Reiss（1981）所說的「家庭範例（family paradigms）」：有關家庭如何與其社會和環境間的相同互動。在經過數代共享的記憶和傳承的歷史後，家庭影響必然超越個別的醫護人員和現有的醫學知識。

事實上，家庭也比醫護人員更關心其家人的健康。因此，他們的健康評估更反映其對醫療事實的外行和不了解。這些評估是家庭賦予家人生活意義的方法，並可維持祖先的記憶和影響不致褪色；保護現在家人的幸福，有時也是和不同文化的健康醫療體系磋商診斷和治療的依據。此一永不止息的家庭過程正可提供研究學者和醫護的健康照護人員一個迷人的和富挑戰的空間。

## 問題討論

1. 這些個案中你對Crosby醫師有何反應？這些有關醫師處理家庭健康信仰的小短文有何代表性？
2. 你能找到一位你原始家中的「家庭健康專家」嗎？這人是誰？他或她如何扮演其角色？
3. 舉一疾病例子，並列舉一般家庭對其健康信仰——此信仰不必以醫藥科學為基礎。家人對這些信仰最可能與醫護專業人員的互動為何？

## 建議讀物

Glenn, M. L. (1984). *On diagnosis: A systemic approach.* New York: Brunner/Mazel.

Kleinman, A. (1980). *Patients and healers in the context of culture.* Berkeley: University of California Press.

Ross, J. L., & Phipps, E. (1986). Physician-patient power struggles: Their role in noncompliance. *Family Medicine, 18,* 99-101.

# 第五章
# 家庭對疾病的緊急反應

　　嚴重疾病的發生是家庭生活中最令人害怕、崩潰的經驗。大部分的大人都有接到電話，被告知家人心臟病發作、緊急開刀，或得了癌症的經驗。然而，家庭對嚴重疾病發生的反應，卻是在家庭的健康與疾病週期領域中最少被研究的主題。這種情形的發生是有許多理由的。一般經歷過緊急健康狀況的家庭，比較不願意讓研究調查員介入。所以研究員也傾向於接受這種情形，選擇去研究門診慢性病的病人和家屬，而較不具機動性去研究一些新的診斷。再者，研究通常習慣於在疾病的急性期訪問家屬，反而爲家屬帶來一些壓力。因此，站在邏輯和倫理的觀點，研究人員最好是在家屬已經歷過了疾病的急性期反應之後，再來研究會比較容易。

　　研究癌症診斷的結果，在一般對於家庭疾病緊急反應期相對的忽略情形之下，是一項重要的例外。本章後面將討論家庭對於癌症診斷的反應和早期的治療階段，以及現在健康專業人員在這段壓力期與家屬的互動情形。

# 癌症在美國人生活中

　　癌症在美國占主要死亡原因排名的第二位，無庸置疑的癌症是最威脅美國人的疾病（AIDS可能很快就會趕上「最威脅（most feared）」的地位）。令人震驚的事實是：幾乎有1/3的美國人都可能在其有生之年被預期將得到癌症，而每四個家庭中就有三個家庭中的成員曾被診斷得到癌症（American Cancer Society, 1982）。

　　除了這些流行病學的統計資料外，癌症在西方世界已經形成一種強大的文化印象。社會歷史學家Phillipe　Aries（1975　pp.140-141）曾在其書中的一章寫到有關西方社會對於死亡態度的變遷，內容為：

　　　　在我們的世界中，到處充滿人們認為醫藥就是一切事的答案…不可治的疾病，尤其癌症，已取代了以前代表死亡的可怕地位。更勝於14和15世紀可怕的骷髏或木乃伊，也更勝於痲瘋病，而在今天，癌症就等於是死亡。

　　雖然，心臟病在美國造成死亡的比率比癌症還高，但是癌症却是最令人害怕的疾病。在一篇癌症文化隱喻的文章中，Ellen Golub（1981）描述，癌症就像是我們的身體轉變成對身體本身無法控制的經驗過程。通常還可以控制病情，

一旦病情無法受到控制時，就會被判定病患已無藥可救。Golub（1981 p.730）對於癌症以富色彩的語言道出：「癌症病人，如一大群寄生蟲般無限制的發展，被套在偵測和治療的機器上，成為我們最深的恐懼和最黑暗的夢魘」。

這些引述深切地描述了美國多數家庭的雙重印象：那就是害怕死亡，和害怕依靠毀滅性的治療科技。除非家庭經歷癌症，否則家屬很少可以知覺到癌症所帶給家庭關係的混亂和分裂的影響。諷刺的是，由於治療科技的進步，這種因為癌症所引起的家庭分裂也確確實實地正在增加當中。在麻州（Massachusetts）大學醫學院中，Krant和Doster以及Ploof（1980, p.54）小組經由他們的實務經驗提出：「現在人類活的更長久，接受更多的治療，也更加發現他們的生命活在慢性瘋狂中…，好的醫療照護使人類活的更長久，然而混亂的社會責任和家庭關係更負擔起另一種不同的代價。」我們現在就要面對此種代價。

# 家屬對癌症的反應

在這節，我們重新檢閱了許多代表性的研究，這些研究探討有關在家人被診斷為癌症後的第一個月間家屬反應的一些發現。

護理研究人員Marilyn Oberst和Ruth James（1985）致力於研究大腸和泌尿生殖癌症手術後，病人和配偶立即發

展出的危機意識。他們使用一種無結構式的面談方式，後來被歸納成主要關注的問題、因應策略，和其它適應問題。研究人員首先在病人手術後出院前的1到2天談到一些主題，接著在出院後10天、30天、60天各自再與他們面談一次。共有40個病人和其配偶在這四次中接受訪問，而其中有26對又分別在第90天和第180天接受面談訪問。

研究者發現，經過一段時間後，病人和配偶所關心的和壓力有些重大的改變。在住院期間，配偶有疲勞和厭食（沒有食慾）的症狀，並有震驚的感受，以及認為有需要讓病人快樂起來。有趣的是，這段期間配偶的焦慮程度比病患還高。在手術後30天，病人與其配偶兩者都會關心病人的生理健康，而其它的個人和夫婦間的問題則不談。再30天後，配偶開始關心自己的健康以及癌症對他們生活的衝擊。

二個月後，研究中的配偶對疾病所引起的崩潰感受到有較多的生氣和憤怒。他們感到疲倦，有許多身體毛病，像是疼痛、消化不良，並且以前就存在的問題會更惡化，以及上呼吸道感染。更重要的是，病人認為配偶比他們本身還煩惱，也稍微察覺到其配偶的擔憂和煩惱。如一位配偶所說的：「他得癌症，我沒有生病，所以我不允許有變壞的一天。」（Oberst and James, 1985, p.52）。配偶覺得他們很少有支持的回饋，不論是從病人或從外來的資源。到六個月的時候，大部分病人都已回到工作上，並且只有在癌症復發或是治療併發症時，才會再煩惱有關疾病和家庭生活的關係。然而，病患及其配偶仍然覺得沮喪和生氣，且伴隨著有對這種感覺

的罪惡感，同時也對自己需要被照顧，感到有罪惡感。Oberst
和James（1985）的調查證實了，在手術完這段期間內，照顧
的家屬正經歷重大的壓力。

　　經過數年，有關小孩癌症對婚姻衝擊的評估研究也有所
改變。雖然有許多控制的研究發現，這些夫妻有高度的婚姻
失敗率，在Kansas大學的小兒科醫師Shirley Lansky和其
同僚（1978）指出，受試的191位病童的父母，他們的離婚率
並沒有比當地的離婚率要來得高。然而作者也發現，在測量
婚姻壓力時，癌症兒童的父母在評估自己時，比正常控制組，
還有血友病童父母控制組，這兩組都來得困擾，但是與問題
婚姻諮詢組比較起來則困擾較少。

　　心理學家Oscar Barbarin和其同僚（1985）對有癌症
兒的父母所做的研究，亦有類似好的／壞的消息發現。在32
對夫妻中的多數報告裡，其婚姻和家庭會在因為照顧癌症病
兒的過程中有更強而有力的結合，而且主要的支持來源是配
偶之間。同時，作者也發現小孩住院次數越多，婚姻支持和
婚姻品質會越來越低。

　　在太太方面，她們認為丈夫對於照顧小孩的參與，對於
維持或減低婚姻品質尤其重要。而丈夫方面，主要的問題則
是他們覺得太太在家與在醫院完全不同。

　　與大部分集中在癌症壓力對婚姻關係的衝擊研究有所不
同的是，加拿大行為科學家Ilze Kalnins M. Pamela Chur-
chill和Grace Terry（1980）他們所探討的是，經歷癌症的
家人在其有生之年的其它壓力。研究人員追蹤被診斷為有白

血病兒童的家庭共45個家庭，長達20個月。在每一個正式研究訪談完成後，調查人員讓家屬參與非正式討論，並從家屬願意義務幫忙記錄的重大家庭生活事件，做田野式的調查。對於沒有問到有關壓力事件的家屬，研究員從結果中發現他們可能低估了他們所舉的例子，如多倫多的家屬他們正在做的事情。這些多倫多的家屬代表廣大範圍的社經群組。這些家庭所列舉出在同時間所發生之壓力事件令人印象深刻。下列各項的百分比也反映了，家屬人數志願提供壓力消息：

*1.* 非癌症醫藥併發症的小孩：27%。
*2.* 非家中的另一個小孩死於白血癌：35%。
*3.* 另一重要人的死亡：13%。
*4.* 家中一人得重病：44%。
*5.* 換工作：22%。
*6.* 財務問題：13%。
*7.* 其它（搬遷、假日、結婚、汽車意外）：40%。

綜合上述，有14個家庭曾經歷過其中四件或更多的重要生活事件，26位家庭有其中一到三件生活重大事件。只有五家無法在20個月內志願提出重要生活事件。因爲這個研究沒有控制組來做相對的生活事件報告，所以在結果的採用上需特別小心。然而，這個研究建議二個可能性：家庭對癌症的反應會被正發生在家庭生活中的壓力因素所影響，以及對癌症的適應經驗將影響家庭未來經歷重要壓力事件的可能性。

家庭社會科學家Alberta Koch（1985）調查小兒癌症

家屬，亦支持本討論中所引述的另一研究發現，她訪問了32
位隨機抽樣的對象，他們是在六到三十六個月前被診斷出有
癌症病童的兄弟姊妹和其家屬。Koch直接詢問有關個人和家
庭在知道診斷是癌症之後直到現在的改變。訪問結果分析顯
示，有14位家屬會隱藏他們的情緒的表達，尤其是擔心和生
氣。此種家庭壓抑和否認顯然壓抑了情緒的接觸。如在Kal-
nins等人的（1980）研究裡，約有3/4的家庭表示還累積了其
它壓力因素，尤其是健康和社會心理問題。約有2/3的母親報
告她們有被其他家人（成年人）遺棄的情緒及感覺（在診斷
之後）。有1/2的家庭顯示一種以病人為主的角色形態——大
部分家庭焦點被置於關心病童上——使得其他兄弟姊妹有被
冷落的感覺，Koch的研究強調，家庭的情緒表達和角色的轉
換，讓母親和兄弟姊妹感受到有人支持和注意，這在家庭中
是很重要的事情。

　　總之，家庭與癌症的文獻顯示：在癌症的早期（即診斷
之後期間）許多家庭會經歷到震驚和不相信。在開始階段他
們的精力集中在挽救癌症病人的生命。家人，尤其是配偶和
母親，在病人住院期間更經歷疲勞。一旦緊急的危機期過去，
家庭在如何處理並開始適應和癌症病人生活及治療上的方式
則各有不同。一個普遍的經驗那就是，太太／媽媽要負擔起
主要照顧的責任，而對她而言，可能情緒和生理上覺得無法
得到丈夫和其他家人的支持。除此之外，一些家庭集中焦點
在癌症病童也會損害到其他家人的需要，尤其是病童的兄弟
姊妹。許多家庭無法公開地溝通彼此對害怕、擔心、生氣和

憤怒的感覺。但有些家庭在經歷對癌症的適應後，會顯得更團結，並對此團結表示滿足。

# 個案研討：一位癌症病人和其家庭面對未來 ❶

Craig Peters撰

　　去年春天，我動手術割掉頭旁邊一顆長得很快的腫瘤。手術5天以後，病理檢驗報告已完成。我的家庭醫師下午有來，但是我爲了感謝家人的支持所以我回家吃晚飯了，大約四個小時的時間。當晚9:30時，醫生在和他女兒出去之後又回來了。他開始說：「哦！病理報告並不是如我們所期望的及所要的…」他一直說下去，一直說到血管肉瘤（angiosarcoma），一種罕見而且它是發生在成年男人身上的一種癌症，知道這種病的地方醫師並不多，治療方法也還不明確。他會建議採用進一步的手術和其它方式治療，但是他也沒有什麼把握。如可能的預期般，

---

❶　〈一位癌症病人和其家庭面對未來〉的個案研討來源如下：
Peters C., *Can Fam Physician*. 1985; 31: 1177-8. Reprinted by Permission.
Craig Peters(作者)來自於加拿大 (Kitchener, Ontario)，他在這篇文章發表後隨即去逝。

我的希望粉碎了，我的心也碎了，我感到空虛，在他走後我大聲地哭了出來。我確實沒想到會是這種消息，雖然我知道這是可能的，而且也事先做了一些可能的心理準備。然而，這個消息真的使我情緒崩潰了。

醫師沒走，他停下來，在黑暗中靜靜陪我。他不知道我是否想與我家人和太太分享這一個消息。剎那間，我知道有什麼事發生了。使我感到驚訝的是我毫不猶疑地說：「醫師，能否請你現在載我回家。我的父母、太太、小孩都在家中。我想要請你就像告訴我一樣的，告訴他們這個消息。」醫生立刻同意。但我又說：「還有一件事，我不希望我與你獨自面對這一晚，我要與家人一起面對，所以我要你幫我辦出院，讓我今晚睡在家中，到明天早上，任何時候你要我回來，我都會立刻回來醫院。」

第二個要求對醫生來說實在有些困難。他完全同意，但是他知道（比我還知道）可能會有一些行政上的問題。由於考慮到這個問題，醫生說他要去辦理一下，幾分鐘後就回來，當我坐在那裏和我的室友一起看著月亮，且又哭又禱告時，在心中產生一種極大的平靜。同時在這時，醫生已經辦好手續回來了。

很快地，我們坐上他的車。到家時，我和醫生一起進去，把全家人叫來。當他把整件事說完時，我們都坐在一起手牽著手，再度和我與家人分享他所知道與不知道的，而且特別努力去接近我的女兒們，詢問並且回答她們的問題，靜靜地體會我們的感受。當我的一個女兒問這個疾病是否會遺傳時？他回答他不知道這型的癌症是否會遺傳，但他會去找更多答案來告訴她。

偶而大家會沈默下來，但我認為該做的都已經做了，不過醫師
並沒有在我們正需要他的時候離開。他仍然與我們坐在一起，
直到他確定我們已不再需要他。當他離開時大約是晚上11點。
我與家人們繼續地談，哭了，大家互相擁抱，並打電話給一些
親近的朋友。在我們要上床之前，我花了幾分鐘和每位相處。
使每個人都睡的出奇的好。

　　過了幾天之後，由於護士、督察及其他醫師之間開始討論這
件不太尋常的事時，我開始了解我的需求以及醫師的反應是多
麼不合傳統。比較令人覺得新奇的是，在這個個案當中，從一
開始，小孩、祖父母就都被包括參與在事情的真相裏，醫師的
彈性及醫院調整其組織結構及正常程序，符合病人立即需要的
做法亦值得注意。他稱之為「只要聽從你自己最自然的人性反
應，做你覺得最有意義，並覺得是對的事情。」他相信主要的
疾病是一個家庭的緊急事件，而每個人都需要去關心和反應。

　　在那階段，我的家人需要有關於會發生什麼及預期以後會如
何的正確訊息。我們需要時間去單獨處理那些資訊，接著和其
他人一起討論，這包括了醫師。很快地，此種需要變成情緒支
持，與我的情緒相較之下，我太太和小孩有更多震驚、不相信、
生氣、害怕、悲傷、無助、希望、混亂的情緒。我們都需要幫
助，幫助我們去承認，和對我們自己或其他人表達一些感覺，
用有效的方式而不是無效的方式表達。

　　接下來的幾個月，我的醫師依照家庭需求為導向用了許多方
法來幫助我們。他特別盡力地回答我女兒所提出有關遺傳的問
題，及有關這類癌症的資訊。他毫無保留地以個人立場來告訴

我們相關的消息，那對我是相當重要的，因為30年前，我的母親也在我小時死於不明的癌症疾病。經過整個夏天和秋天，在他幾次和我接觸時，他總會問起其他的家人現在的情況如何。

他也保持與其他家人的聯絡。他利用例行的辦公室拜訪來讓我女兒參與討論，像是在家中進行的如何、家庭為何需要調適，尤其是這樣做會對他們有何影響。他也邀請我和我太太參加一些有關癌症進一步課程，讓我們從關心醫藥治療和癌症進展，轉移到個人的關懷，和一些可能發生的問題。到了秋天，他安排與我們全家在家中相聚，以探討個人和全家對此情況的反應和家人相互之間在這段期間的反應。在聚會中，他做了一些重要的事，對於癌症引起的憤怒及挫敗是因為我們對於我們的生命、對於我們的未來有極大的恐慌與害怕，尤其很明顯地是當我的病不大可能會好時，前面的路似乎更不好走下去，因為一切都是未知。

我寫這篇文章是要表達我對醫師深切的感激。我也要鼓勵其他人，認識主要的疾病是一個家庭的事，因為它衝擊家中每個人和整個家庭系統。當家庭處於危機時，同樣地，也是處於壓力中，也需要支持，而治療的單位是整個家庭。

我是一位輔導牧師，及婚姻家庭治療師。我看事情通常都以一個家庭系統的觀點來看。然而，在這個經驗中，我不是客觀的觀察者或研究者——我只是個單純的病人，對所有發生在我和家庭的事情感到掙扎與顫抖。

# 在癌症急性期間家人與健康專業人員的互動

　　如Craig Peters的故事，這是個真實的例證。圍繞在疾病的健康照護互動，發生在病人、家庭和醫師的三角關係間。在診斷癌症的個案裡，Doherty和Baird（1983）所稱的「治療三角關係」的三個部分——包括醫師，都處於壓力中。主治醫師尤其經常體驗到與癌症有關的兩種擔憂：一種包括，發現他認識和關心的病人得到癌症，而另一種擔憂則包括，失去能挽救病人生命的早期診斷，因此一個醫師可能先害怕去發現癌症，同時也害怕沒有發現癌症，這真是兩難。

　　只有少數的主治醫師在做癌症診斷的確認。通常這種工作是由專門人員，如醫院中的腫瘤科醫師來負責。一旦診斷確立，在醫護人員、病人與家人之間會發生二種重要的互動：告知診斷結果，和決定相關的治療。這些看似相當直接的過程其實並不然。主治醫師可能會因為沒有早點診斷出來而產生罪惡感，腫瘤科醫師不認識病人和家屬，可能直接就進入癌症治療的技術層面，而家屬和病人便很自然地會對其未來感到焦慮及不安。再者，在癌症治療中心裏會有許多癌症病人在接受診斷及治療時，即立刻有許多住院醫師和護士參與個案的治療工作，病人和家屬可能立刻被要求決定是否參加研究並簽約。很明顯的是，在那裏一旦被診斷為癌症，就會立刻發生這種情形。

　　內科醫師兼心理醫師Melvin　Krant和其心理醫師同僚
Lee　Johnston提出有關醫護人員與家庭間互動的有趣文獻
（Krant and Johnston, 1978）。他們訪談了75位病人和126
位家屬，詢問關於癌症不同階段治療期間，他們與醫護人員
間互動的經驗。這些病人分別來自二所醫院中的三個腫瘤
科，其中一家為公立醫院，另一家為私立的，都位於新英格
蘭。有60%的病人和33%的家屬提到在開始時他們對癌症診
斷的消息不是很清楚。剩下的受訪者則提到他們是被告知有
一個「瘤」或某一個不明東西。在家屬方面，有15%對於他
們如何被告知診斷結果的情形感到生氣，只有33%的家屬覺
得在癌症治療期間，醫師對他們有所幫助。Krant和Johnston
（1977-1978 p.212）總結其發現如下：

　　　親近的家屬表示，他們常常是透過非醫學來源來
　　得知病人的診斷結果，許多人指出他們不知道現在
　　這位主治醫師的名字，而許多人很少，甚至沒有和
　　醫師談過話，因此，就算醫師對病人的疾病不會有
　　太大幫助，他們也不會覺得驚訝。在這些例證中，
　　在診斷時，家屬不會與醫師建立溝通的管道，而個
　　人也不會覺得他們可以和醫師在那個點上面做溝
　　通。

　　這個研究在對醫師的公平性上，我們注意到有一些家屬
和病人會否認癌症的存在，因而可能會「忘記」醫師告訴他
們的正確訊息。我們觀察到有越來越多的美國醫師已經漸漸

會告知人們有關癌症的診斷——雖然與告訴家屬的比例還不是很一致。這些醫師通常都會傾向於與病人建立治療技術層面的契約關係，而且把家屬的感覺排除在過程之外。Laurel Northouse（1984）在她對癌症所帶給家庭的衝擊的觀點上指出，在癌症治療初期，家屬的主要問題是「感覺被排除在照顧之外」。醫院對家庭來說，主要是針對病人的醫療需要，而家屬只能自求多福，或許更嚴重一點；家屬亦提到他們覺得被排除在草率決定有關治療的契約之外，當癌症治療技術越來越有效的同時，也有可能會對病人身體剩餘的體力、士氣有潛在的傷害。在決定這些生死的抉擇時無法參與，會讓許多家屬覺得權利被剝奪，有時會對醫護人員感到生氣，而在醫護人員部分，則常覺得被生物醫學的要求和缺少足夠有效與病人和家屬的溝通訓練所打敗。

　　許多醫學研究文獻關於癌症治療期間，家庭與醫療小組間的互動，大部分集中在照顧的負面情形，例如，精神科醫師George Marten和Alvin Mauer所記載的，使健康照護的專業人員煩惱的自責和退縮，可能在照顧癌症復發時又發生，他們（1982, p.54）當治療進行不順利時，小組成員「可能變得暴躁、互相以言語攻擊、抱怨病人的父母，或整組在病人面前感到退縮」。Marten和Mauer建議，醫療小組有時也應和家庭一樣，需要接受治療。

　　精神醫師Oscar Barbarin和Mark Chesler（1984）採取更積極的方法，他們決定調查父母照顧癌症小孩滿意度的影響因素。他們採用訪談和問卷，以Michigan醫學院的74位

父母爲例，研究者發現，一般父母對醫療人員的滿意，大部分和他們個人與醫師接觸的多少有關，尤其是醫師的溫暖、關懷以及個人對父母的注意力方面。父母尤其最能感受到經常告知他們有關小孩情況醫護人員的支持，及能接受父母的意見，協助治療和做決定的醫護人員，父母也能感受到他們的支持。整體而言，Barbarin和Chesler的結論是，資訊（消息）的傳達和個人的接觸，是父母對醫療機構滿意小孩接受治療過程最強而有力的指標。

　　總之，在癌症診斷和治療的早期，家庭和醫護人員的互動會產生許多問題。一般家庭和不熟悉的醫護人員接觸，尤其是與和他們沒有共同背景經驗的專業人員接觸，這種情形在主治醫師退出整個治療情況時更常見。醫療小組是確定執行病人治療協議的方向，他們經常沒有時間，也沒有受過訓練在過程中告知家屬和關注他們。然而Barbarin和Chesler（1984）的研究建議，對家庭這些問題的關注，可以導致家庭正面評估病人所接受的各種醫療照顧，這種關注也可能會事先排除了一些在癌症發展中的困惱，和開始治療之後的調適問題。


# 給醫護人員的建議


　　在Craig Peters的個案研討中，醫師示範了一種對癌症病人和家屬直接地告知充足資訊，和同理的相處所發揮出來

的醫療力量。他實際證明彈性修改醫院常規，可以適當滿足
病人特別的需求。他和家庭聚會，告訴他們他所知以及所不
知的，並且「沒有在最重要的時刻離開」。在隨後的幾個月
他持續其以家爲主的接觸，注意每個家人個別的需要，也關
心夫妻與家庭的福利，這位醫師針對其關於癌症病人和家庭
的照顧「寫此書（wrote the book）」。

接下來的結論是特別給照顧癌症治療早期的醫護人員之
建議：

醫護人員在診斷和治療癌症所經歷的壓力，僅勝於一個
人本身或其家人因癌症而痛苦的壓力。首先，給醫護人員的
建議是善加利用社會資源，在對癌症病人和家屬工作時，有
句格言「醫師，醫治你自己（Clinician, heal thyself）」似
乎格外地貼切。如果無法處理自己的情緒，而將情緒帶到醫
療機構當中，將會使醫院中的病人失去人性。所以與其他同
事分享感受和害怕，或與家人和朋友分享，是有助於醫師去
幫助病人和其家庭的，甚至也有助於改善醫療小組的工作關
係。

第二個建議是來自研究和臨床的經驗，測試證實家屬需
要知道有關癌症診斷和預後的正確訊息。對醫護人員而言，
時常感到很容易在和病人、家屬討論時，省略「癌」和「惡
性」等字眼。另一極端的現象是醫護人員對於需要進一步評
估的腫瘤通常都說得很含糊，另一方面，有的醫護人員會用
難懂的醫學名詞來表達，而不用病人和家人可以懂的形式來
告訴他們診斷結果。而另一種介於二者之間的錯誤是，只告

訴病人得癌症，而不當面告訴家屬。無論對病人的經歷有何誤會或否認，病人的病情都將會傳到家中。所以和病人及其家屬開一次會，對醫護小組來說可能不是一種愉快的任務，但對於一個合作的醫療關係的開始，卻是非常必須的。

　　第三個建議是關於共同討論癌症治療的決定。在聽到癌症的診斷結果後，病人及其家庭立刻會面臨決定是否要接受治療或不接受治療的情境，假如開始接受治療，是那一種治療法？對癌症而言，那一種是有效的且立即可做的治療？例如小孩得白血病有許多類型，醫師有責任去告知病人及其家屬，有關可預期的治療結果，計畫一合作性的時間表，並讓病人也參與此照顧計畫。許多癌症的治療方案仍受爭議，例如乳癌使用外科手術的治療，醫師仍有不同的看法，醫護人員首先面臨的挑戰是先去告知病人及其家屬，要盡可能的了解清楚有關可行性治療的選擇，而不用太過度強調每一個治療細節。接著的挑戰是確實的和他們分享做決定的過程，避免再回到「醫師的命令（doctor's order）」。有許多癌症，如肝癌和轉移性腦瘤，其造成衰弱的化學治療雖可以稍稍延長病人的生命，但是却會造成病人生活上非常的不愉快，此時，醫師的挑戰是允許病人及其家屬有完全的決定權來決定是否進行治療。要接受「不治療（no treatment）」的決定對醫師來說是很困難的，因為醫師所接受的訓練是對每位病人竭盡所能，以及需要病人在臨床研究上提供新的醫療訊息。然而親切及支持的接受病人決定不接受醫學介入的死去，是成熟醫護人員的品質證明。

　　第四個建議是試著去了解家庭對癌症的一些醫療知識和信仰。如前所述，癌症已是一種有力的文化特徵和神話。父母可能認為是由於他們做了某些事或沒有做某事，才引起其小孩得白血病，家人可能也相信癌症會傳染。所以在診斷時進行一個家庭聚會，可能可以引出這些健康信仰，誠實面對其內心隱藏的感覺，如果合適，也可試著傳達給予正確的消息去取代這些迷思。

　　第五個建議是幫助病人及其家屬處理癌症的心理和社會動力。藉由了解家庭處理癌症所經歷的正常壓力，醫護人員可發揮兩種重大的功能：(1)教導家屬面對癌症經歷的正常感覺，和他們在未來可能存在的壓力；(2)可以利用傾聽或觸摸的方式給予情緒支持。

　　最後，照顧癌症病人的醫護人員的一項重要工作是，告知家庭關於一些支持團體，和其它社區資源。「我能克服（I Can Cope）」課程是一個全國性癌症病人和家屬的自助團體。有專業人員指導公開的團體、提供資訊和支持。社工人員Edith Johnson和Doretta Stark（1980）描述有一種方案，可以給予需要密集幫助的家庭，它有一些治療選擇項目，像是由Wellisch和Mosher以及Van Scoy（1978）所組成的精神醫師／護士小組，他們提供的家庭團體治療方案，是個具私人性的有關腫瘤病人的練習課程。有許多社區也提供癌症病人和家屬這種課程方案。但對一個臨床醫護人員來說，對癌症家庭和病人的支持和衛生教育，是一個相當龐大的工作，醫護人員個人很難去做，成立一個工作網絡和治療

課程是很重要的，可以廣泛地傳遞癌症照顧的訊息。

## 結論

　　癌症的早期診斷和治療，能帶給家庭更多的需求和機會。研究記載和臨床經驗證實，對於一個家庭而言，在癌症病情最危急時，要維持家中成員情緒的平衡和互相支持是很困難的。在這些困難點上，醫療專業人員總是很少談及——他們自己的壓力——他們總是集中焦點在疾病的生物醫療層面上。在另一方面，某些家庭會因為經過危機處理之後，重新更加親密的結合在一起，就像是如Craig Peters所寫的個案這種情形：一個受傷的家庭，很幸運地遇到一位很照顧、合作的醫師，雙方經由其共同奮鬥，使生命更充實。癌症在我們文化中對家庭和醫護人員都是很嚴酷的考驗，它可能使家庭或醫護人員有能力，也可能更束手無策。

## 問題討論

1. 回想在你的核心家庭或擴展家庭中曾突發的一種嚴重疾病。你的家庭如何反應？在本章研究發現的總結中有符合你的家庭經驗嗎？
2. 你認為癌症何以在美國社會是如此一種獨特可怕的疾

病？爲何它對人們而言，要承認得癌症比承認得肺病
或心臟病還難？這些問題怎樣影響家庭如何決定去處
理癌症？

3. 爲何癌症對醫護人員而言，如此難以適應？醫療機構
能如何改變，以幫助醫護人員在對癌症病人及其家屬
時能工作的更好？調適的更好？做的更好？

## 建議讀物

Barbarin, O. A., & Chesler, M. A. (1984). Relation-
ships with the medical staff and aspects of satisfac-
tion with care expressed by parents of children with
cancer. *Journal of Community Health, 9,* 302-313.

Lewis, F. M. (1986). The impact of cancer on the
family: A critical analysis of the research literature.
*Patient Education and Counseling,* [no volume no.],
pp.269-289.

Schulman, J. L., & Kupst, M. J.(1980). *The child with
cancer.* Springfield, IL: Charles C. Thomas.

# 第六章
# 家庭對於疾病和復原的適應

「生命不是手中握有好牌，而是如何將一手的爛牌
玩好」

——Robert Louis Stevenson

（曾罹患肺結核）

慢性病幾乎是家人生命過程中很普遍的一部分。超過65
歲的人至少有一半及有¼的45歲到65歲之間的人，他們的行
動會因為至少得了一種慢性病而受到限制（U.S. Depart-
ment of Commerce, 1980）。如本書前面文獻所提到的，慢
性病已漸漸流行，也已取代了急性病而成為美國導致死亡率
和發病率的主要影響原因。如Thomas Campbell（1986）
檢閱健康與疾病對家庭的衝擊與影響後指出，慢性病引起各
種困難的問題常影響著家庭生活，而且家庭處理慢性病的方
法亦深深影響病情。

大部分家庭中有人患有慢性病的研究，都是探討慢性病

對其他家人所造成的精神衝擊。例如，有許多研究針對小孩生病對母親和兄弟姊妹的影響（Breslau et al., 1981, 1982; Cairns et al., 1979; Lavigne and Ryan, 1979）。如同研究慢性病對精神衝擊的重要性，我們相信這種單方向的研究（如：疾病影響家人），無法掌握家人與慢性病之間互動的複雜性。在本章，我們將利用生物心理社會模式或系統來研究家人、個人與疾病間的互動。開始的問題如下：「家庭成員如何在因應慢性病的過程中組織起來？」我們將以糖尿病為主要例子，因為糖尿病是一種廣泛又嚴重的慢性病，許多以家庭為導向的研究都有出版品。我們也將討論有關慢性病醫護人員和家庭成員之間的互動，並提供一些建議給醫護人員，做為在照顧慢性病人及其家屬時的參考。

我們在架構我們文獻檢閱以及有關慢性病的家庭因素的討論，是以家庭FIRO模式（Family FIRO model）為主，這是William Doherty和其同僚Nicholas Colangelo（Doherty and Colangelo, 1984）所發展出來的模式。此模式是由「基本人際關係取向（Fundamental Interpersonal Relations Orientation, FIRO）」模式所衍生出來，為先鋒小組理論家Will Schutz（1958）所創。後來由Doherty和Colangelo應用在家庭領域上。簡言之，家庭「基本人際關係取向（FIRO）」模式主張家庭與其它社會團體的關係型態可分成幾個問題：(1)包含（inclusion）：所有權、角色型態、界線；(2)控制（control）：影響、力量、衝突；及(3)親密關係（intimacy）：親近人際互動、深度分享、「我—你

（I-Thou）」關係。理論上，任何現在的家庭行為模式都可被視為用來達成、維持、修正包含、控制親密的家庭關係。Doherty和Whitehead（1986）使用此種模式來分析吸煙行為的社會動力。例如，他們將抽煙行為看作是夫婦結合的方法，因為他們經由共同分享而結合。抽煙也是不好的習慣，當家人都不贊成他們抽煙，有些夫妻會把自我除外（包含問題）。抽煙經常是一種家庭中力量競爭的主題，通常家人會試著去說服固執的抽煙者戒煙（控制問題）。而抽煙和親密的性關係在我們的社會中長久以來一直是一種相互結合的文化（親密關係問題）。

　　利用家庭FIRO模式，根據以包含、控制，和親密三個向度來研究慢性病家庭的互動。下面的個案可以說明一對夫妻（其中太太患有風濕性關節炎），在適應上所處理的方法。在包含上，可以在他們努力於重新定義其角色和共同活動中看出；控制方面，在他們針對疾病的相關衝突中可發現；另外，親密關係則可在他們經過坦誠討論彼此的感覺後，變得更加地親近。在本章後面的一些報告結果，都是根據我們臨床照顧這些家屬的實際經驗所得到的結果。

# 個案研討㈠

　　Jill是一位相當活躍且強壯的女性，直到她22歲時，她發現她的膝蓋開始變得疼痛僵硬。持續了兩

年，疼痛漸漸惡化，並延伸到其它的關節，此時醫師診斷出她患了風濕性關節炎。雖然有藥物可以治療，但她還是越來越沒辦法走路，以至於需要拿拐杖支撐才能走路。接下來的五年，她做了幾個手術，以使關節的活動和疼痛改善。她的行動不便和必須經常的住院，迫使她放棄碩士學位課程。在30歲時，她開始兼職教導學習障礙兒童。

Jill的丈夫Steve是一位工作狂，他們倆人唯一的小孩與父母親並不親近。當Jill的疾病發作時，他們必須對於他們十年以上的婚姻角色和責任重新地協商。Steve必須在家中承擔更多責任，並把精力從法律工作上轉移到照顧他們的5歲女兒Annie。Steve開始參加父母成長團體和女兒學校的活動。雖然Jill的行動不方便，每天她仍然要煮飯給全家吃，並分擔父母責任。在以前被認爲很簡單的事情，現在都要小心地計畫。由於無法在一起共享戶外娛樂活動，這對夫妻也必須去尋求新的共同活動。

Jill和Steve在不同的階段處理著疾病的問題。Steve並未完全接受Jill的診斷結果，他仍然繼續尋求其它的醫治方法。他很掙扎，因爲他對他太太的疾病感到生氣，也氣她的醫師無法治癒她，也氣疾病對全家所造成的影響。而Jill則對她所失去的健康感到悲傷，並試圖以有限的身體能力重建自己的生

活。這對夫妻因互相生對方的氣而經歷嚴重衝突的
階段。

在歷經這些衝突，並且學習分享彼此對生活改變
的感覺，再加上他們成功地適調生活地位，使得他
們在兩人的婚姻過程中，比以前的任何時間，雙方
的感情更加緊密地結合在一起。


# 慢性病家庭的參與


家庭心理醫師Peter Steinglass和其同僚（1982）說明
了家庭如何在疾病的緊急期團結在一起，以保護家人免於受
到傷害（Maurin and Schenkel, 1976）。在面臨無法避免
的疾病發生時，家庭尤其容易團結在一起。如果病人活著，
就要面對慢性病階段的考驗，家庭也開始一連串的團結互
動。這些過程中，可能會有二種截然不同的反應。一方面，
家庭可能會持續緊密地團結在一起，將焦點集中在病症上，
而造成病人無法自主以及負責的自我照顧。在另一方面，家
庭可能由於生病的家人無法參與家庭而分裂。而那些介於此
二個極端參與的家庭，則端賴家庭在生病前的功能，以及家
庭生命週期階段和疾病本身的社會心理特徵（Rolland,
1984）。

有一些研究已證實，當家庭在適應長期慢性且無法抵抗

的疾病時，某些家人所產生的人際關係會疏遠。某些家人會
無法忍受這些疾病的心理和生理需求。因此，他們讓自己遠
離疾病，在某些個案中，甚至還會排斥這些生病的家人。有
一最普通的例子即是，當一個家庭，在照顧家中一位發瘋的
父親或母親時，若感到過度的負擔，會決定把他或她送到療
養院。Isaacs（1971）證實家庭對重擔的知覺為，是否將年老
家人送入一個機構的最佳預測指標。婚姻破裂或離婚可能也
是另外一種結果。有慢性病的配偶們可能無法或不願意適應
因為慢性病所帶來的無可避免的婚姻關係的改變。他們所承
受的主觀壓力和生病的配偶是一樣的（Cassileth et al.,
1985; Klein, 1967）。總而言之，研究已顯示在慢性病童家
中，婚姻壓力會增加，而在離婚方面則沒有增加（Sabbeth
and Leventhal, 1984）。

　　當慢性病的末期來臨時，家屬可能會在病人病危死亡之
前，就漸漸將病人排除在家庭之外，這是一種悲傷的預期和
保護其他家人的方式。家庭精神科醫師David Reiss和其同
僚（1986），在其研究有末期腎病病人的家庭（一種腎病的
末期），他們發現，健康的家庭功能與腎衰竭早期死亡有關。
研究人員推測，這些具有良好功能的家庭會將病人排除在
外，成為一種末期適應的方法，病人亦接受早期死亡為一種
有助於維持家庭整合的方式。

　　通常，此種與慢性病有關的參與型態對不同家庭的組成
是有著差異性。慢性病可能會導致家中某些家人之間更加親
近，也可能會使家人間更加疏離或排除其他人。家庭治療師

在 Ackerman 機構的家庭治療方案之一的慢性病計畫
(Penn, 1983; Walker, 1983) 中，和在費城兒童指導診所
(Philadelphia Child Guidance Clinic) 中 (Sargent,
1983) 也描述了「代間結盟 (cross-generational coali-
tions)」的情形常發生在一些有慢性病患者的家庭中（所
謂的「代間結盟」指的是，父母其中一位和小孩聯合起來對
抗另一位父或母），而最經常參與聯合的是慢性病童與負責
照顧的母親，相對於病童們與父親之間的這種結盟就很薄弱
了。父親對於家庭和疾病的參與性通常都很低 (Binger et
al., 1969)。類似的代間結盟在家中有年老父母的照顧情形
裡也可以觀察到；例如，年老的父親或母親會與其女兒結盟
聯合起來，而其女兒的丈夫也就是女婿則會忙於工作。然而
家庭治療師 Jay Haley (1980) 所描述的潛在代間結盟與上
面的情形則有些不同。他指出家人之間的結盟通常是被家庭
和外人所認可和接受的調適方法。而且，這些型態也可以反
映出前幾代家人如何適應慢性病的類似動力。雖然上述情形
被家庭和許多健康專業人員所接受，而且也被視為是正常及
無可避免的，但是代間結盟也可能會讓主要照顧病患的人感
到負擔太重，甚至會減少婚姻的親密感，以及阻礙了可幫助
家庭適應疾病的社會資源。

### 家庭參與和家庭生命週期

正如慢性病不是一種靜態的過程一樣，家庭也是不斷地
在改變和發展中。目前研究人員和醫護人員開始著手去了解

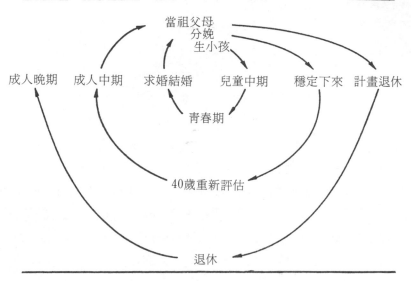

圖6.1　家庭生命循環圖

資料來源：

Combrinck-Graham, (1985). Reprinted by permission.


在疾病的過程中家庭是如何改變的。一個家庭如果有一個患
有糖尿病的學齡前兒童，這個家庭功能會與有成人或老人糖
尿病患的家庭功能在運作上有所不同。每個家庭會面臨到由
於疾病的影響而發展出來的各種問題。我們發現家庭治療師
Lee　Combrinck-Graham（1985）的「家庭系統發展模式
（Developmental Model for Family Systems」（見圖6.
1），對於了解所有環繞在家庭生命週期以及慢性病患者間的
相互影響的問題很有幫助。在此模式，家庭系統會在緊密與

疏離的關係間感到徬徨，一般來說，人生會歷經三個徬徨期，而每個新生代都會產生一個。家庭緊密時期（family closeness），例如小孩誕生、當祖父母，這是所謂「向心的（centripetal）」，因為這種優勢力量會把家庭團聚在一起。而家庭疏離期（family distance），像是青春期、中年危機、退休，則是所謂的「離心的（centrifugal）」會使家庭分散。根據家庭心理醫師John Rolland（1986）觀察發現：在生命週期中家庭的動向，深深地影響家庭如何因應慢性病。

假如慢性病發生在家庭向心發展階段，則外加的疾病力量可能導致「陷入困境（enmeshment）」。陷入困境是Minuchin等人（1975）所使用的名詞，描述家中成員對另一個人過度反應，造成個人無法自治自立。此型態在描述小孩腦性麻痺（Schaffer, 1964）和癲癇症（Ritchie, 1981）的家庭中已有陳述。Minuchin和共事之同僚（1975, 1978）描述此型態中極端的形式，如家中有糖尿病、氣喘、厭食症的小孩都屬此類型。這些作者亦證實此種家庭型態如何導致病情惡化。

另外，假如慢性病發生在家庭離心期（centrifugal period），如青春期，則可能會造成家人離家並且自己獨立發展。一些造成殘障的疾病，如脊椎受傷，則可能造成青少年在生理上無法獨立。而其它疾病像是糖尿病，可能常導致父母與小孩發生衝突，尤其是小孩未能自主控制病情，而導致疾病惡化（Walker, 1983）。在一些對孩子的感情束縛很強且無法捨棄孩子，讓孩子獨立的家庭中，慢性病可能「允許」

（permission）青春期小孩繼續依賴留在家中。此種互動型態在Jay Haley（1980）所描述的精神分裂症（schizophre-nia），和家庭治療師及其研究人員M. Duncan Stanton和Thomas Todd（1982）的報告裡描述吸毒者的情形中時常出現。

### 家庭角色改變與慢性疾病

　　當一種疾病造成不便，則家中的角色及工作會伴隨著改變並需要重新分配。假如雙親家庭中父母其中一位變成殘障，則家庭在功能上會變成單親家庭，加上一個新依賴者。而這位健康的父或母則可能要試著去承擔原有父母二人的責任，或者是與祖父母共同承擔，抑或是某個孩子來承擔原有父母的角色。這個健康的配偶會扮演許多角色，且經歷過重的角色壓力，而產生一些生理症狀（Klein et al., 1967）。假如這位生病家人先前的角色完全被取代，他或是她可能覺得不被需要而從家庭中退縮（Bruhn, 1977）。角色的改變（rule changes）應把個人的失落感減到最小，並可讓病人對家庭提供其它貢獻，這樣可以幫助病人保持自尊，並預防「放棄（give-up）」。例如，一位殘障的先生無法提供家庭的經濟，但他可以承擔更多家中的責任（Komarovsky, 1940）。這種角色的改變並非決定於殘障的嚴重程度，而是受到家庭動力的影響（Cobb et al., 1969; Fink et al., 1968）。家庭的主要品質就如同研究人員David Olson所用的名詞「家庭適應力（family adaptability）」，指家庭改

變角色的能力和面對挑戰的規則 (Olson et al., 1979) 。造成殘障的慢性病，提供了家屬最大適應力的挑戰。

## 慢性病家庭內的控制

處理疾病的協調能力是家庭控制慢性病的主要問題，當家人團結在疾病危機四周，他們傾向於承擔疾病的控制以及病人的許多責任。這常發生在疾病的急性時期，此種過程導致長時間的強烈掙扎，病人會試著重新找回控制其生命的權力。例如，在對慢性病童已少有期待的家庭中會發現，孩子本身會產生自尊和訓練問題 (Ferrari et al., 1983) 。

對醫藥治療的不合作是常有的一種對控制明顯衝突的表徵。假如家庭要透過疾病來控制病人，則病人唯一能採取的控制方法就是拒絕家庭的所有努力。此種動力學已被家庭治療師Paul Watzlawick和James Coyne (1980) 所分析。像是當處於青春期的小孩拒絕吃東西，或吃了都吐出來時，則此種權力掙扎會變成明顯的厭食症。控制的掙扎與慢性病的處理不當有關。例如嚴刻、權威型的，以及經常使用懲罰的父母，與小孩糖尿病的控制不良 (Marrero et al., 1982) 和癲癇症 (Hauck, 1972) 有關。

慢性病本身也可能調節一個強烈的家庭衝突。Minuchin等人 (1975) 描述，小孩疾病如何被用來化解其父母的衝突。氣喘的小孩當父母在吵架時，就開始喘，而轉移他們的

注意力，一對夫妻若有一個人得慢性病，則疾病本身扮演著調節互動關係的重要角色。衝突可能可以歸因為疾病而引起，或者病人可能因為疾病而不需對其行為負任何責任。

## 慢性病家庭的親密

　　慢性病家庭為了使家中親密程度改變，有賴於家人對疾病的感覺之分享和意願。害怕、生氣、罪惡感，以及沮喪是家人最常有的情緒。當對這些不愉快的感覺加以否認時，則可能會導致親密行為的降低。疾病可讓願意面對和分享經驗的家人更親近。

　　患重病者的家人對未來可能會擔心：病人是否會康復？或變成殘障？或更受罪？家庭如何適應？而最可怕的問題是家人會死嗎？這些問題對家人而言，如果要去討論它，可能是一件極為困難的事，尤其是當疾病漸漸導致殘廢、惡化，或威脅到生命時 (Rolland, 1984)。家人可能會暗中關心疾病的治癒情形，但家人大都有默契地不去討論那些問題 (Northouse, 1984)。家人有時會完全否認病人已經快要死亡或者是終究會死亡。這些家屬無疑地是在保護自己，使自己免於他們所害怕的過度無法想像的痛苦。此種家屬的害怕是值得同情的，然而，當家屬能夠分享其擔心和害怕時，他們可以接觸彼此的內心深處相互支持，這些可以使得未來家庭關係品質更提昇。

　　生氣是一種在慢性病過程中通常有的情緒（Gilder et al., 1978）。一位病人對所發生的事狂怒，會生氣為什麼別人是健康的而唯獨自己生病。這種生氣可能會直接針對健康的家人、醫護人員、神，或自己，怪罪自己生病。而家屬也會生氣家人生病，或生氣疾病所帶來的負擔和責任，以及神或命運造成死亡威脅。此種生氣經常不是因為害怕加重病人的失望，家人也會因為生氣某人生病及依賴，而感到有罪惡及歉疚（Wasow, 1985），他們會覺得所愛的人無法和自己一樣地享受健康（Gardner, 1969）。

　　大部分有嚴重疾病成員的家庭，會充滿悲傷和沮喪。病人家屬一定會悲傷於人因失去健康進而失去以前沒生病時的家庭生活方式。假如家庭無法承認，並悲傷所失，則可能導致慢性沮喪和更多適應疾病的困難。許多患嚴重慢性病的人精神上相當沮喪，並將沮喪情緒傳染給其他家人。

　　心理學家Elizabeth Kübler-Ross（1969）還有其他人描述，當病人面對死亡時，所經歷過的數個步驟，包括：否認（denial）、生氣（anger）、沮喪（depression）和解決（resolution）。此模式已被用在描述慢性病的適應，雖然有些研究人員仍對Kübler-Ross所提出的模式的精確結果表示疑問。一般而言，病人和家屬會經歷相同的情緒反應過程，但是他們的情形並不太相同（Baker, 1987）。例如，因為家屬沒有直接感受到疾病的痛苦和殘障，他們可能花在否認疾病的存在或嚴重性上的時間比病人的否認期還久。目前雖然對此問題並無有系統的研究，但似乎可以明顯地感受到，假

如家人的情緒處在不同的階段，那麼要對家人分享疾病的感覺是較爲困難的。一位配偶正在與生氣、罪惡做掙扎時，很難去傾聽並接受病人的悲傷或接受其平靜的死亡。

　　在這裡我們描述了家屬如何與慢性病互動，尤其是嚴重的慢性病。急性嚴重疾病的產生加重家人短期緊急調適，但是當病情變成慢性時，家庭必須調整接受一位新「家人」——疾病。先前的家庭型態：參與（inclusion）、控制（control）和親密（intimacy）必須結合此一新的事實。如David Reiss（1981）所指出的，家庭的標準或世界觀，也就是說會因其處在此概念情境下，而對家庭的概念產生轉變。在家庭研究人員Hamilton McCubbin和Joan Patterson（1983）所發展出來的模式中，家庭必須努力去達成適應慢性病的平衡狀態，以使個人和家庭之間的需要達到平衡，並讓家庭與外在環境有正向積極的關係。許多家庭成功地處理這些挑戰，想出一新的模式以成功地適應疾病，來證明達到家庭堅強、富彈性和耐力的本質。

　　在下一節，我們將焦點集中在更普遍的和更困擾的慢性病——糖尿病。

# 糖尿病與家庭

　　糖尿病（diabetes）是一種遺傳性的疾病，胰島素分泌不足，無法正常進行葡萄糖和血糖的代謝。第 I 型糖尿病，

有時稱爲少年發病型糖尿病，胰臟無法分泌出胰島素。第II
型糖尿病，有時稱之爲成年發病型糖尿病，是胰臟的胰島素
分泌不足所導致，這些病人的糖尿病皆可以藉由減輕體重而
達到控制。根據國家健康統計中心 (the National Center
for Health Statistics, 1986) ，在美國有580萬的糖尿病人
口。一半以上的糖尿病患在其日常活動，受到一些限制，也
就是相當於每1000人當中就有15人是糖尿病患。以年齡控制
的統計數目來說，糖尿病患比起其他的人口約有二倍以上的
人會感覺自己健康情況較差，或覺得僅是過得去而已 (the
National Center for Health Statistics, 1986) 。

　　大部分的研究已證實家庭功能與糖尿病控制之間的關係
 (Anderson and Auslander, 1980; Johnson, 1980; Klus
et al., 1983) 。在研究過20位青春期前糖尿病病人和其家庭
後，小兒科護士Margaret Grey和其同僚 (1980) 發現，所
有家庭功能不好都與糖尿病控制不好有密切關係。Finnish研
究人員M. L. Koski和A. Kumento (1977) 在研究60位患
有糖尿病的小孩和他的家庭裡，亦發現家庭功能和糖尿病控
制之間有類似的關係。在30位糖尿病控制不良的小孩中，由
小兒科醫師Kimberly White和其同僚， (1984) 所做的研
究中發現，有許多「功能不良 (dysfunctional) 」的心理社
會因素，包括：沒有父親、不良生活條件、父母功能不足、
慢性家庭衝突，以及家人沒參與糖尿病的治療計畫。類似的
發現也由Irvine加州大學的小兒科醫師Donald Orr和其同
僚 (1983) 所獲得。另一方面，家庭中清楚的命令和組織，

與病童良好的代謝控制有關（Shouval et al., 1982）。還有，高度自尊的父母與病童病情良好的控制有關，並發現這個是家庭功能與糖尿病之間一項重要的中介因素（Grey et al., 1980）。

　　家庭凝聚力似乎在糖尿病的治療處理上尤其重要。過高或過低的家庭凝聚力都與血糖控制不良有關。在此領域中的一項早期研究，A. Fischer和H. Dolger（1946）定義二種普遍上父母對糖尿病的反應：一是過度保護（overprotection）；二是排斥（rejection）。過度保護的父母，通常他們的孩子在青春時期不是乖乖服從，就是叛逆的；而排斥型的父母則是有著憤恨和好吵鬧的糖尿病小孩。在一項控制研究中，糖尿病研究人員Barbara Anderson和其同僚（1981）發現，家庭凝聚力低和高衝突多與糖尿病控制不良有關。父母親的漠視會導致糖尿病控制的惡化以及病患本身的沮喪（Khurana and White, 1970）。在這些沒有家人參與的家庭中，糖尿病控制不良似乎導因於父母沒有好好的督促和支持，以致無法在注射胰島素及飲食上來配合。

　　Salvador Minuchin和Lester Baker以及Bernice Rosman與其同僚（1975, 1978）描述一群凝聚力高但在控制方面較弱的糖尿病童及其家庭發現，這些病童雖然也有控制飲食和胰島素，但糖尿病酮酸中毒有再發作的情形。可是當病童住院離開家庭環境時，他們的糖尿病又很容易被控制。在這些有嚴重氣喘、厭食的病童和其家屬中，Minuchin發現了一種特別的互動型態，包括：陷入困境（enmeshment)、過度保護（overprotectiveness）、嚴格（rigid-ity）以及逃避衝突（conflict avoidance）。在一項實驗（Baker et al., 1975）當中，研究小組研究三組糖尿病童對壓力性家庭訪問的心理反應。只有身心症糖尿病童的脂肪酸升高（free fatty acids），這是一種糖尿病酮酸中毒的危險先兆，而且在訪談之後仍持續升高。這些小孩的父母一出現，則孩子的自由脂肪酸便開始升高，而當小孩進入房間後又降低。作者認為這些糖尿病童受到過度影響，也被其父母的問題所左右，所以將這些壓力反應在自由脂肪酸的升高指數上，他們無法「停止（turn off）」而導致糖尿病酮酸中毒。在一項糖尿病家庭的例子中，瑞典心理醫師Marianne Cederblad和其同僚（1982）證實，母親所表現的高度凝聚力，及父親高度的嚴格態度和糖尿病童高度的焦慮，都與代謝控制不良有關。Minuchin和其同僚（1975）亦報告那些，糖尿病治療成功和其身心症的家屬，可以用建設性的家庭治療，來協助解除糖尿病童的壓力，並建立更恰當的家庭關係。在全部的15個個案中，再復發酮酸中毒率以及胰島素的使用劑量都減少。

這些研究建議，影響糖尿病的控制機轉，有賴於家庭功能的型式，尤其是家庭凝聚力。過高或過低的凝聚力都與糖尿病控制不良息息相關。在陷入困境型的家庭中，糖尿病的控制在家中是心理與情緒過程連結在一起。在不參與的家庭裡，不足的家庭結構支持會導致不合作。這些發現與家庭研究人員David Olson和Douglas Sprenkle以及Candace

Russell（1979）所發展的「家庭功能（family function-ing）」模式一致。他們假設中等的凝聚力和適應力，與家庭在面臨壓力情況時，可以發揮最佳的功能有關。而此一模式和研究人員提出有關糖尿病的建議，醫護人員在面對不同家庭時，使用不同的方法，迄今尚未有控制研究來探討之。

## 個案研討㈡

　　Jim S.是一位患有控制不良糖尿病的16歲男孩。當他10歲的時候因糖尿病酮酸中毒（diabetic ketoacidosis, DKA）休克住院，而被診斷出患有糖尿病。隨後他因酮酸中毒而住院八次，以及因糖尿病併發症四次住院。他說他有配合控制飲食，每天注射兩次胰島素，並且測量自己的血糖，但他的血糖仍然很高，那段期間，Jim開始在家庭和學校中都出現了問題，他有三科被當，並因在校吸食大麻而必須休學。他經常和繼父吵架，只對媽媽表示親密，也拒絕做任何家務。

　　Jim的父母相當關心他的糖尿病，但也覺得相當無助。當他們提醒他要小心飲食或注射胰島素時，他會變得很兇暴，並吃掉一整盒的餅乾。他的父母常打電話向醫師求助，希望Jim能再住院一段時間，以

便讓他的「糖尿病真正控制住」。

　　Jim的糖尿病只是許多家庭調適問題中的一個例子。S先生和S太太最近在沒有計畫和預期之下懷孕，緊接著S先生失業，而S太太又產生一連串害喜症狀。當小孩出生不久，家中又遭火災，於是這一戶人家在六個月內就搬了三次家。當執行公共健康的護士按地址去爲小孩檢查時已找不到這戶人家。

　　以上的個案是某些家庭共有的家庭動力與青春期胰島素依賴型糖尿病的相關性，尤其是「參與（inclusion）」的問題（Jim與父母其中一方聯合，父母希望要把Jim送到醫院使他與這個家庭隔離）和「控制（control）」的問題（經常對其糖尿病的治療方法以及家事責任產生衝突）。我們可以確信在這種環境之下家庭是不會有多少的親密感。此個案亦說明其它生活事件對家庭慢性病調適的影響力。McCubbin和Patterson（1983）把後者稱之爲「堆積（pileup）」的生活事件，可能會降低家庭處理與慢性病有關事件的能力。慢性病不會存在在一個眞空的家中，家人持續生活下去，有時需要以某種方法幫助他們，將與慢性病有關的相關資源組織起來，有時則需以某種方法讓他們自己去爲生存而奮鬥。

# 醫護人員與家屬間對慢性病的互動

## 個案研討㈡ （續）

　　Jim的糖尿病控制不好，他的主治醫師和父母都非常擔心。這是C醫師在家庭醫學科接受住院醫師訓練的最後一年，而且她也已經生了個孩子。起初，她非常積極參與Jim糖尿病問題的治療。但後來她已厭倦於要求Jim多加控制其病情，或鼓勵Jim量血糖及在家打胰島素。她也不再鼓勵Jim的父母監督Jim的病情，醫師要父母把Jim「當成人看」。不幸地，Jim經常沒有赴醫師的約診，所以經常會因爲輕微糖尿病酮酸中毒而被送到急診室。急診室的醫師建議C醫師要好好控制Jim的血糖，否則他可能會在急診室病危而結束生命。

　　C醫師處於兩難之間：一方面她了解Jim的情況，覺得應怪Jim的父母，因爲他們非常的干擾，另一方面又對這名男孩無法自我照顧而生氣。她會教訓他告訴他控制糖尿病的重要性，以及假如他不好好照顧自己他可能會失去腿、失明，或死亡。就像他的父母般，她覺得她對於控制Jim的糖尿病感到無助，她要Jim住院以紓解治療的三方壓力，也使

Jim在病情上，獲得一些控制。當她結束其訓練覺得
能把這個照顧工作交給下一位新來的住院醫師
時，眞是鬆了一口氣。

在這節，我們利用健康照護系統的觀點到我們所分析的
慢性病家庭中，健康專業醫護人員與家庭間的互動可以反映
家庭所發生的問題。如家庭研究人員Lisa Baker和家庭醫師
Michael Pontious提到，用於了解家庭動力的觀念模式可以
延伸到其它系統，包括健康治療「家庭」（Baker and
Pontious, 1984）。我將再使用家庭FIRO模式，組織關於醫
護人員與慢性病家庭之間互動的問題。

### 醫護人員與家屬間的參與問題

在照顧有慢性病人的家庭裡，醫護人員必須決定如何去
參與。此參與的程度可從：與家庭疏遠（經常是轉介到專門
的照顧單位），到與家庭親密接近。一些醫護人員害怕投入
一個家庭，而選擇與其保持距離。有些家庭則不願讓醫護人
員親近。此種疏遠的醫療關係很難讓健康專業人員去幫助家
人面對慢性病的心理社會問題。

另一方面，有一些醫護人員希望能挽救家屬，使其免於
遭受家人有慢性病之苦，而變成「準家人」。這是醫護人員
在情緒上過度反應家屬所面臨的問題和危機，而很難保有以
一個外人的客觀立場去協助家庭。大部分的醫護人員相信治
療的理念包括與家庭建立一種合作的工作關係，使醫護人員
可立於平衡的地位：與家庭保持良好關係，而不捲入家庭的

事件中。

　　如前幾章所描述的，Doherty和Baird（1983）已經把醫護人員／病人／家庭的關係觀念化為一種「治療的三角關係（therapeutic triangle）」，每一方影響其他二方的關係。這對於孤立病人或參與聯合以對抗家庭或與家庭聯合對抗病人，都可以顯示出危險的警告。家庭治療師Peggy　Penn（1983）已對此種醫護人員與家屬間的聯合有所描述。對健康照護沒有家庭系統觀念的醫護人員，可能會試圖去將家庭排除於病人的治療計畫之外，而不邀請家屬參與各種會議，或不尋求或承認他們的意見，這是醫護人員與病人之間的聯合對抗家庭的情形，這種情形可能會導致醫護人員與家屬之間的衝突，而造成病情治療的傷害。此種互動似乎經常發生在醫護人員和家庭都處於發展的向心階段。年輕的醫護人員，爭著要自主的問題，且太過於認同青少年，而和他們聯合起來對抗其他的家人。

### 醫護人員與家屬間的控制問題

　　在北美文化主流中的健康專業人員，尤其是醫師，當疾病在其控制之下就會感到很高興，而當病情無法控制時，又會感到很不安。在醫學中優勢的文化印象是在醫院的加護病房（ICU）裡由醫師來主控急性的致命病情，醫師掌握病人所發生的一切：病人應接受何種治療，使用那一種藥，何時該住院……等等。當這種方法用在慢性病上，會導致控制方面的衝突。例如，假如醫師覺得要對病人的高血糖負責，他

們可能會先鼓勵病人，接著迫使病人去配合飲食控制和胰島素注射。假如病人覺得他們的自主性受到威脅，他們可能加以抵抗，以不合作來使自己控制病情。如前幾章所提到的，不合作有助於維持病人與醫護人員之間力量的平衡：「這是很矛盾地，為了要主控權力，病人在醫藥問題上就會失控」。因此，醫護人員越努力去控制，則對病人越少有正面影響。如一位患嚴重肺氣腫的病人的說法：「醫師，當你在我後面關心我的抽煙問題時，我越緊張，反而抽得越兇。」此種控制的衝突是相當明顯的。病人口頭上同意合作是相當好的，但却大呼無助，或被動地維持「無法」去做改變。

當家人和病人在控制和負責病情做權力之爭時，他們可能會試著去找醫師支持其對疾病的看法。家屬可能打電話給醫師，向他報告病人的不合作，並充當醫護人員的「間諜」。家庭與醫護人員間的聯合可能導致醫護人員與病人之間發生權力之爭，並提高不合作的問題。最具治療性的做法是醫護人員、病人和家庭之間形成一種合作、非控制性的聯合關係。

### 醫護人員與家庭之間的親密問題

家庭的健康與疾病發展週期（Family Health and Illness Cycle）階段是醫護人員與家屬間最常有的親密關係，也可能發生在照顧健康家庭數年的情形下，透過分享成長和發展試驗，及一些緊急醫藥問題諮詢而形成。然而，對醫護人員和家屬在經歷慢性病所帶來的密集的情緒問題，會提昇親近的個人關係。經過數年，此種全然忍耐的關係建立了信

賴和自我開放的可能性。爲了發展親密關係，家屬必須願意
分享他們的情緒，而醫護人員必須願意去傾聽和接受家屬的
情緒。家屬可能不希望表現出其對疾病的負面經驗，因爲他
們害怕顯得軟弱，因爲他們希望向醫護人員（和自己）保證
他們是「好」家庭，或因爲他們持有一種幻想的觀念，所以
他們認爲，假如強勢的醫護人員以爲一切都很好，則一切就
一定很好（Sabbeth, 1984）。

　　醫護人員照顧著許多遭受疾病之苦的病患，而且要保護
自己避免太過度投入病人的痛苦和悲傷，和病患及其家屬親
近，就是去感受他們的受苦和無助，以及去分享家屬個人的
感覺和經驗。病人與家屬他們的無助感是醫護人員很難去體
驗與分享的，就如心理學家Barbara Sabbeth（1984）所描
述的：「要同理別人的痛苦是很難的，尤其是當你無法去改
變引起問題的環境時。」醫護人員必須要能夠接受其個人和
專業的限制，而且要能與他們的家人、朋友和信任的專業同
僚分享他們的感覺，還要更能忍受與病人和家屬建立親密關
係所帶來的危機，尤其是這些病人的問題往往已經不是可以
由醫護人員（無論多精進的技術）來解決時，更要如此。

### 個案研討（續）

　　當Jill被初診爲風濕性關節炎時，她的家庭醫師
Dr. N.前往Jill的家中與這對夫妻會面。醫師討論Jill
的檢驗報告及診斷結果，他回答他們所提出的疑
問，並提供其他諮詢者。Dr. N. 鼓勵Jill與Steve這對

夫妻分享害怕和沮喪，並堅持地要他們相信一切都
會好轉。他們討論Dr. N.在Jill的醫療計畫中所扮演
的角色，N醫師同意，他會幫助Jill協調和監督其他
專業治療人員，並隨時回答問題和討論有關病情過
程所關心的事。N醫師也向Jill和Steve推薦當地的關
節炎基會分會。

　經歷Jill的疾病治療過程，N醫師和Jill和Steve之
間變得很親近，他幫助他們度過許多危機。N醫師與
Jill及Steve分享自己的想法。而這對夫妻則與N醫師
分享他們家庭所經歷的痛苦和一切，以及對未來的
害怕。

# 給和慢性病及其家屬工作的醫護人員的建議

　有患慢性病家人的家庭最基本的需要是確實了解有關疾
病的資訊。醫護人員要向病人和家屬說明衛生教育、相關的
病因、治療方法，和病情預後的復建，並隨時回答問題。家
屬要的是合理的預期病人能做什麼，和家庭應該提供什麼？
有些家庭需要特別有關如何調適疾病的建議，或是需要他人
幫忙解決和疾病有關的問題。一旦他們得到所需要的資訊和
實施建議，許多家庭會開放地討論他們對疾病和生活影響的
感覺和害怕。

　要有效地與這些家庭工作，醫護人員必須和病人及家庭聯合起來，並取得他們的信任，最好是在診斷時，和全家人一起聚會，向他們解釋病情，討論他們所關心的事項，和回答他們的問題。定期追蹤以及和病人家屬聚會，有助於避免誤會和對立。當母親被認爲是家中慢性病童主要照顧者時，邀請父親參加家庭聚會，鼓勵他積極參與小孩照顧的這件事情會變得尤其重要。當一種慢性病進入穩定階段，或到了末期，醫護人員常會產生自我保護的強烈反應，並且從病人和家屬的關係中退縮，因爲他們覺得「好像已經沒有什麼可以再提供了」。這種情形尤其是在當家庭需要醫護人員個人的參與和支持時，最常發生。

　當病人被轉介由專業人員照顧時，最主要的醫護人員必須保持與家屬以及和其他醫療團體中的專業人員接觸，尤其是諮詢人員。此醫護人員負責協調其他不同專業人員在治療計畫中參與的角色劃分。保持與醫療團隊人員的聯繫，有助於避免醫療系統內的衝突和對立。而這個主要的醫護人員經常是由主治醫師或護士所擔任，或者是其他健康專業人員，包括社工人員和家庭治療師，他們可以幫助治療工作的協調。除此之外，他們能幫助家庭發展與醫師適當的醫療關係，並教導病人家屬如何有效及肯定地與醫護人員溝通。

　當家庭經歷有關親近（closeness）或參與（inclusion）的問題時，醫護人員可以協助家庭建立更適切的調適關係。而對不願意參與的家庭，可以多邀請他們參與每一個醫療會議，並要求他們幫助照顧病人。有些個案只要教家屬

認識疾病，以及他們可支援的範圍，便能有助於家屬的參與。而對陷入困境的家庭（enmeshed faimly），醫護人員需要先和病人釐清範圍，同時與家庭保持合作模式。在會議時，醫護人員可以先單獨和病人見面，然後再和家屬會談。嚴重陷入困境的家庭經常需要被轉介到家庭治療師那裏尋求協助。

　　健康專家一定要提醒自己避免與病人或家屬在控制慢性病過程上做權力之爭。醫護人員必須知道病人終需爲自己的健康照顧負起責任，而醫護人員只能協助他們讓他們自己去承擔照顧的工作。醫護人員可以和家庭協商自己在疾病照顧上所扮演的角色和責任。例如，一位公共衛生護士可能需要與糖尿病人和其家屬協商有關誰要準備打胰島素的針筒，誰來打針，以及誰負責控制血糖和飲食。這種方法不但可以鼓勵病人及家屬自我照顧，也可以是一種幫助家庭協商其它責任的模式。

　　然而，這種爲達成協議的公開協商方式，在醫療團隊中，並不是很被接受。如在肥胖糖尿病的婦女個案，這個婦女對減肥已感到厭煩，她與她的主治醫師一致認爲她對於現在的體重要接受，而且要知道她的血糖值比期望的數值高，她的醫師盡其所能地在控制糖尿病上將要減輕體重的限制減至最低限度。她的家人也同意不再對她的體重嘮叨。這種協議維持了醫師／病人／家庭的合作關係，對未來病人決定要改善其生活型態時，會增加其積極正向的改變。

　　經由醫護人員所提供的一個安全和支持性的環境，讓家

屬分享其對疾病的感覺可以促進家庭的親密關係。在醫護人員面前，病人及家屬可以有效表達他們的生氣、罪惡，和悲傷。下面是一般可以有效引出來表達情緒的情境：「許多家屬對疾病、醫護人員，甚至是病人感到相當地沮喪和生氣」。當這種生氣是直接針對醫療工作小組時，醫護人員必須誠實地評估家庭所關注的事項以及避免自我防衛。假如錯誤已造成，則必須承認，並做一修正的計畫。經常，有關針對疾病的生氣是醫護人員所引起的，因為他們無法做些什麼，而這一點也必須承認，「我了解你們對我們無法再幫助些什麼感到生氣。我也希望能多做一些！」。

讓家庭成員間彼此分享，或者是與醫護人員分享這些悲傷及沮喪，可以是一種有力的治療經驗。親朋好友通常會試著去鼓勵家屬及病人，並強調任何的改變及對未來表示有希望。家屬可能在開始時會相信他們，而且覺得他們不該喪氣，但隨著病情的惡化，挫折及沮喪會更大。對家庭而言，聽到信任的醫護人員對他們的認同、了解和希望，在精神上是一種極大的紓解。

只靠單一的醫護人員是無法提供有患慢性病人之家庭所有需要和支持。一個合作醫療小組必須包括：醫師、護士、社工人員、精神醫師、復健師、家庭治療師、營養師和其它相關的專業人員，方能提供這些家庭多方面的需要。除此之外，醫護人員必須讓自己去接觸不同的家庭團體，和以各種特別疾病為主要訴求的自助機構，因為這些機構組織能提供衛生教育、情緒支持，和幫助調適技能和宣導工作。

# 結論

　　中國字的「危機」含有兩個意義，即危險和機會。許多慢性病帶來一種危機，嚴重造成家庭壓力，並威脅著家庭。但這也可能是一種機會，也可以說是轉機，就是改變舊的沒有功能的方式，發展新的而且更健康的方式：參與（inclusion）、控制（control）和親密關係（intimacy），這可以藉由家人分享適應疾病的經驗來達成。

　　有一些慢性病，像是高血壓，相對之下，比較起來對家庭成員就沒有那麼明顯的干擾，雖然高血壓可能有突如其來的致命結果，但這種疾病是每天存在的，病人除了需努力去配合醫藥和飲食外，通常這個疾病的影響不是家中很嚴重的壓力。在另一種比較極端的情形持續惡化的慢性病它會損害個人的日常功能。這些病患必須重新安排個人生活習慣的優先順序，適應生理上的限制，並重新建立自我的觀念，他們的家人會對家中成員失去健康而感到悲傷，並接受家庭的重新改組。病患的醫護人員必須從治療疾病轉變到照顧疾病，並與病人和家屬共同合作，幫助病患及其家人調適生活，發展其最大的潛能。嚴重的慢性病對我們所有的人性做了最大的挑戰！

# 問題討論

*1.* 想一想：假如有一種慢性病影響你核心家庭或外圍家
庭的某一人。你的家庭成員要如何適應這個疾病所帶
來的問題？你認為你的家庭會如何影響疾病的過程？

*2.* 家庭功能和糖尿病之間有何關係？糖尿病控制不好的
不合作主角是什麼？

*3.* 病人與健康專業人員間的互動如何反映病人家中的互
動型式？醫護人員如何能避免在負面家庭互動型式
中，被捲入其中？

# 建議讀物

Crouch, M., & Roberts, L. (Eds.). (1987). *The family in medical practice: A family systems primer.* New York: Springer-Verlag.

Lubkin, I. M. (1986). *Chronic illness: Impact and intervention.* Boston: Jones and Bartlett.

Minuchin, S., Rosman, B. L., & Baker, L. (1978). *Psychosomatic families.* Cambridge, MA: Harvard University Press.

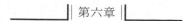

National Institute of Mental Health. (1986). *Family's Impact on Health: A Critical Review and Annotated Bibliography* (T. L. Campbell, Author). Series DN, No.6; DHHS Pub. No. (ADM) 86-1461. Washington, DC: Superintendent of Documents, Government Printing Office.

# 第七章
# 結論與建議

　　前面幾章循著「家庭的健康與疾病週期」來描寫家庭如何處理不同的疾病。本章將舉一個有關冠狀動脈心臟病的例子，透過這個家庭的過程來做總結。除此之外，我們也提出了，在1980年代末期針對家庭和健康這個領域所做的研究，和臨床上所探討的主題。

## 冠狀動脈心臟病患家庭的健康與疾病週期

　　冠狀動脈心臟病（Coronary Heart Disease，簡稱CHD）顯然與其它疾病比較起來，會讓家庭和個人做更多提昇健康和降低危機的努力，並且這些努力會受到健康專業人員一致的支持。抽煙和高血膽固醇會引發心臟病，所以，專業人員會支持避免抽煙的努力。本書所引述的範圍證明個人抽煙和飲食習慣與家庭有重要關係。而且這方面的研究已有顯著成果，也使得心臟疾病的死亡率減少。但是大部分的個

人和家庭仍繼續維持著這些不良習慣，尤其是抽煙行為，更是會危害到這些人的健康（Center for Disease Control, 1986）。

　　心臟病的預防經常導致家人之間互動的衝突，以及病人、家庭、醫護人員間的互動衝突。有高危險行為的個人，對來自於家人的「鼓勵」與「嘮叨」是很敏感的（Doherty et al., 1983）。高危險羣的病人不停的抽煙是許多醫護人員沮喪的來源，也是家人所關心的重點。經常溝通的結果是一連串對危險行為控制的爭鬥，當醫護人員和家人越堅持時，病人可能就越頑固。

　　冠狀動脈心臟病，其衰弱和病發／復發階段週期，在病兆顯示時，經常有心絞病（胸痛）或急性心肌梗塞（心臟病發作）。此時個人、家庭和醫護人員就正面對一個威脅生命的緊急情況做調適。雖然此階段關於CHD（冠狀動脈心臟病）的家庭因素尚無研究調查，但在文獻上，却認為社會心理上的壓力和支持與心絞痛和心肌梗塞有相當的關聯性。家庭醫師Jack Medalie和其同僚U. Goldbourt（1976）發現，以色列男人的婚姻生活最快樂，相對地心絞痛發作的經驗也最低（在五年的期間）。其它研究發現心理社會壓力與心臟病復發致命的危機有其相關性（Ruberman et al., 1984）。心臟病專家，如Richard Kones（1979）假設，壓力會提高血中兒苯酚胺（catecholamine hormones）的活動，接著影響心臟血管和電流生理學情況。這種過程業已被證明，在A型性格的行為型態（開車很猛、好爭、易怒）和

CHD的發作之間有關聯（Williams et al., 1982）。

　　CHD的家庭疾病評估關係到家庭對其成員所經歷過程症狀解釋的方法，也關係到一旦被診斷出自CHD其家庭尋求醫療的決定，和對疾病成因、結果及CHD的過程（Leventhal et al., 1985）。值得注意的是心肌梗塞常被個人和家庭忽視其症狀的危險性，而延遲求助。因為心臟病發作是可怕的，患者和家庭可能會同時疏忽其代表性症狀（胸痛）的意義。有個普遍的例子：一個胸痛的男人為了證實沒有心臟病發作，就勉強地去爬一段樓梯。還有另一種現象是，有心絞痛的病人家庭成員可能認為每一次的胸痛就已代表致命的心臟病發作了。一旦開始接受治療，家庭對疾病的評估將受到醫護人員是否願意提供訊息和提供家庭支持的影響。醫護人員、病人，和家屬之間如果不清楚或者是不願直接的溝通，則可能會導致對疾病不斷的誤解。

　　例如：一位心臟病諮詢專家告訴一位病人他患了心臟病，但病患的主治醫師，認為心臟科諮詢的醫師已把一切都告知的很清楚，所以從來不在與病人的談話中向病人確認這個診斷。病人和其太太決定「同意」他們自己醫師，認為胸痛的偶發事件並不是心臟病——可能是消化不良（胸痛）和關節炎（痛幅已到左臂）。這種阻斷的溝通情形，導致病人對於預防及避免心肌梗塞的復發，沒有採取任何預防性的措施。

　　心臟病發作的危機處理是一個家庭對CHD緊急反應的代表。如心理醫師Howard Leventhal和其同僚（1985, p.

125) 所述,「當死亡隱約浮現,整個家庭力量全都集中在避免死亡的發生:最終的目的是保存生命」。不像癌症個案,一般家庭當治療一開始,很少被要求要做什麼決定。當醫護人員／家庭的溝通清楚又具支持性,家庭會傾向於集中其所有資源去克服緊急情況。雖然可能有一些反責(如,反問一位青春期兒子為何讓父親鏟雪,而導致心臟病發作),但一般家庭會並肩在一起面對病人及其疾病,並度過危機。根據家庭治療師Ross Carter (1984, p.57) 研究20個家庭,這些家庭中丈夫都曾經突發心臟病過,他們對家庭的緊急反應做了如下描述:

> 家庭‥‥立刻發展出一種緊急反應模式,特徵是活動縮減、資源動員、準備行動、焦點集中。日常活動中止,家庭成員關心並且結合起來,以防止失去一位中心領導人的可能威脅‥‥。甚至除了核心家庭緊密結合外,親戚也參與動員,大家的界線消失,親戚網絡會聯合起來,提供建設性的心理支持,或暫時性填補核心家庭成員角色‥‥。病情結果的不確定性,會產生出一種準備「行動」的情況,而非「活動」。就如同家庭隨時準備應戰,但不知何時戰爭會開始。這種情形會形成醫師、醫護人員和醫院間的高度依賴情形產生。

CHD的家庭適應期在心肌梗塞的個案中,是在急性發作之後開始;或者是當疾病已經成為家庭生活中永久的角色

時，適應期便開始。以CHD來說，唯一的壓力是猝死的可能
性，大部分的其它疾病都要經過一般時間才會死亡，CHD却
相反。CHD的第二個主要壓力源，來自於家庭和病人努力要
去改變某些生活型態的因素，像是飲食、抽煙等這些會直接
影響心臟病復發的可能性因素。第三個主要問題是，心臟病
患可能又恢復扮演家中的某些角色，Carter（1984）的臨床
研究發現，應特別注意丈夫是否再扮演工作角色的重要性。
這些壓力會迫使家庭成員在適應期間有力的參與、控制，和
親密問題。參與（inclusion）包括：害怕失去家人、從家庭
的分享活動中退縮、或希望提早退休以期望多與伴侶在一
起、角色的重新分配，以及病患自律性的威脅等問題。控制
（control）則包含：服藥、抽煙、飲食方面權力的爭奪，角
色改變和生活型態改變的衝突。親密（intimacy）問題包
含：夫妻間性親近、分享心臟病和突然死亡可能的感覺和害
怕的意願等。

　　家庭的適應階段對醫護人員來說也是一個很大的嘗試。
在CHD急性期，病人的家屬通常會聽從醫護人員的控制，而
醫護人員的訓練通常也傾向於去承擔照顧病人的完全控制。
在疾病的慢性期間，病人與家屬不論是經由與醫護人員合作
或是不合作，他們都會收回一些對疾病控制的掌握權。如果
不像在住院期間病患及家屬與醫護人員有密集的接觸，在適
應期間，家庭與醫護人員間的接觸就會在疏遠和親近之間搖
擺不定，並且有為期數個月的小衝突，而當需要有進一步的
檢查或處理時，病患及家屬與醫護人員間才又會緊密的接

觸，或者當疾病復發時才又密集的接觸聯繫。這些問題再加上治療現象這種三角關係會變得更複雜：像是醫護人員可能會與病人接觸，但不與其家庭保持聯繫，或與病患家庭聯合而疏遠了病人。

在「家庭的健康與疾病週期」中所描述的議題，說明了在疾病中，家庭經歷的自然動力，當家庭在一階段達到某方面問題解決或穩定，他們就會集中準備處理下一個問題。例如，在CHD適應期，某些家庭的適應力，可能延伸到健康的提昇和危機的減低。換句話說當心臟病發作已過，突然死亡的威脅遠離，加上角色已重新再協商分配，家庭的重點比較不會放在「調適」，而是注重健康的提昇，以防疾病再復發。對CHD來說，有些家庭當心臟病復發時，這個週期會一直不斷地再循環。

家庭的健康與疾病週期也代表醫護人員對疾病、病人、和家庭所經驗的各種階段。對家庭最具壓力的週期時間，也可能是對醫護人員最難受的時期。尤其在衰弱／發作（vul-nerability/onset）和疾病評估期（illness-appraisal），沒有明確的診斷，家庭和醫護人員的焦慮程度就容易升高。當病人的家屬感到恐慌時，就會施加更多壓力在醫護人員身上（尤其是醫師），而且採取一些行動，經常包括要求住院，或做一些不是很必須、危險又浪費錢的檢驗。醫護人員對於讓病人和家屬失望也有他自己的焦慮及恐懼。如我們的同僚Macaran Baird以醫護人員的立場指出，有時，對於主要的處理方式是很難下決定的，我們自己本身的焦慮、病人或家

屬的焦慮，或在疾病的過程（當然，所有都是有互相關聯的）中，處理焦慮是一個相當耗費人力及財力的過程，尤其是生理疾病方面。變通之道，如Doherty和Baird（1987）在其討論以家庭爲中心的醫療照顧中指出，對醫護人員而言，要有直接面對焦慮以及處理焦慮的勇氣，並表現出勇氣，直接處理自己的焦慮，同時也要有勇氣去處理那些面對生死交戰時刻家庭的焦慮。

# 家庭與健康研究

在1979年，明尼蘇達大學公共衛生學系的Theodur Litman和Maureen Venters寫到：「雖然健康和疾病過程中，對於家庭的行爲科學角色研究興趣不斷增加，但臨床的研究仍因受困於方法論的不準確，和極少整合的家庭理論而使得研究成果相當有限。」（Litman and Venters, 1979）。雖然在1980年代，對於家庭與健康的研究已有實質成長，但在理論和方法論方面仍存在有共同的問題。

## 家庭與健康研究的理論模式

現今有許多有關家庭與健康的研究都缺乏理論依據。也就是說，健康和疾病與家庭的因素在二者之間的關聯性並不清楚，缺少也無法了解二者間如何互相影響。結果雖有一些發現，但都缺乏強而有力的解釋模式。理論可以幫助研究人

員決定問題範圍、衡量的標準以及分析解釋資料的方法；在此，我們將簡單地檢閱幾個對家庭與健康研究上有所幫助的理論模式。

壓力理論（stress theory）　壓力理論認為，生活事件及生活情境對個人和家庭都是潛在的壓力源，可能會導致個人或家庭適應不良、功能喪失或是生病（Pearlin et al., 1981）。在疾病對家庭衝擊的研究報告中，將疾病視為是一個壓力源，甚至可能會導致其他家人發生心理上的問題。例如，有許多研究均探討關於小孩生病對兄弟姊妹和母親的影響（參閱本書第六章）。「家庭壓力理論（family stress theory）」是家庭社會學者Reuben Hill（1949, 1958）發展出來的理論，他提出「ABCX模式（ABCX model）」。這個架構將家庭視為一個整體，研究家庭應如何去適應壓力情況，他認為家庭適應壓力有賴於其對事件的感受，和處理此種情境的資源。家庭壓力理論由Hamilton McCubbin和Joan Patterson（1983）更進一步的發展，並用來研究家庭對慢性病的反應。在他們的「雙重ABCX家庭適應模式（Double ABCX model of Family Adaptation）」中，McCubbin和Patterson把焦點集中在幾個與慢性病有關的壓力因素上，這些是Hill剛開始的理論模式中所沒有的，尤其在家庭中「堆積（pileup）」壓力生活事件與慢性病在病發之後，家庭的新資源都會開始動員。家庭會漸漸感受到他們所處的情境，也有漸近調適的活動，以達適應慢性病的程度。McCubbin和Patterson基於家庭與健康研究中家庭適應扮

演重要角色，而發展出一系列可以測量家庭模式觀念的工具。

　　**社會流行病學**（social epidemiology）　在醫學，「社會流行病學」是主要的理論架構，解釋心理社會因素對健康的影響。從感染性疾病模式衍生出來，此理論將心理社會壓力因素視爲降低個人抵抗疾病的因子，並認爲社會支持既具有壓力的緩衝功能，又能獨自改善對疾病的抵抗（Cassel, 1976）。在此模式，家庭可能是壓力來源（例如，喪失親人、離婚、家庭壓力事件），或是一種社會支持（例如，結婚、小孩的支持）。因爲此一研究是基於流行病學（epidemiology），故其具有相當的定量性，傾向於測量在廣大人口中簡單的家庭標準（如，婚姻狀況、配偶死亡）。

　　家庭壓力理論和社會流行病學都傾向於單方向的考量，考慮疾病對家庭的影響，或是家庭對疾病的影響。由生物學家Ludwig von Bertalanffy（1968）和其他人發展出來的系統理論（system theory）反應傳統科學方式的狹隘，並由Engel（1977）應用在臨床醫學上，成爲「生物心理社會模式（biopsychosocial model）」。系統理論和生物心理社會模式認爲：在生物、心理和社會過程中，互動關係錯縱複雜。因爲這些互動的複雜性，根據系統理論的研究，傾向於對家庭與健康領域做更多描述以及質的提昇（Doherty, Baird, and Becker, 1987）。

　　家庭系統理論，是本書的組織架構，在1980年代已密集的被使用在探討家庭與健康問題上，但其對臨床領域的貢獻

比研究上的還大。David Reiss（1981）的「家庭範例模式
（Family Paradigms Model）」，對於了解家庭在面對慢
性且具生命威脅的疾病時，如何組織與運作已呈現一個架
構。家庭FIRO模式，在本書的第六章中曾談到，這個模式是
一項最近嘗試去創造的一種家庭系統模式，有關家庭與健康
質量並重的研究。

　　總之，有許多有用的理論模式，研究人員可以用來指引
其研究，或有系統地分析其發現。家庭與健康領域，如反映
在「家庭的健康與疾病週期（the Family Health and Ill-
ness Cycle）」，這個領域是既龐大且複雜的，以致於無法在
可見的未來濃縮成一般可接受的理論。同時，現在的一些理
論可作為我們在進一步研究更完善的模式的重要指引。

### 家庭與健康的研究設計

　　有關家庭與健康的大部分研究，都是橫斷研究設計，亦
即他們在同一個時間點上研究這些變數。這是最簡單且最便
宜的一種測量家庭因素與健康之間相關性的方法。大部分的
目標都可以加以研究，也因此增加了研究的概化（general-
izability）。這些調查尤其是用來檢視是否為某種類型的家
庭結構、溝通或互動，並且與某些疾病有關（糖尿病、氣喘
和厭食）。然而，這些研究經常碰到的問題是研究結果的解
釋無法得到因果關係，其關聯性可能會由家庭影響疾病，疾
病影響家庭，或因為其它重要因素，如：基因、藥物作用，
或治療的前後因果而有所不同。在如此不明確的相關過程

裡，要決定家庭的健康與疾病經驗，很難理出究竟那一個過程是最先影響的過程。

　　與橫斷研究設計有關的問題，多少可藉由立意選擇的控制組來改善。為了要決定家庭變數是否為某些疾病的特別原因，控制組家庭不但必須包括正常家庭（沒生病），而且還要有其它急性或慢性疾病的家庭做對照。例如，由精神醫師Lyman Wynne以及Margaret Singer (1963a, 1963b; Singer and Wynne, 1965) 所做的橫斷研究發現，精神分裂症的父母具有一種異常的溝通方式，那是在正常家庭或患其它精神病理學疾病的家庭中所不易看到的。

　　預期將來的族群研究（cohort study），研究者會開始先研究家庭本身而非疾病的肇始，這種研究是昂貴又不易執行的，如果成功，則可得知家庭因素是否為影響疾病的潛在因素。一些研究嘗試著決定家庭在疾病發生或病因學上的角色，這些需要非常大量的樣本（如，以色列Ischemic心臟研究——Medalie and Goldbourt, 1976），或以大量高危險性疾病的研究樣本為例（如，UCLA精神分裂的家庭研究——Doane et al., 1985）。所以，將來在研究一個存在疾病的過程和治療裡勢必會更簡單。許多社會支持研究採用此種設計，稱之為回顧性的族群研究（retrospective cohort study），其中的資料已被收集起來，以提供給另一項研究，由研究人員再檢查。這種技術，家庭研究人員Jeri Doane和其同僚（1981），利用錄影帶來作業，在一開始時就先錄製家人互動，研究有困擾青春期少年家庭的感情型態。

另外，爲決定是否家庭的介入方案或家庭治療有其效果，而必須採隨機控制試驗（randomized control trial, RCT），有些個案研究的受試者會「行動如他們自己所控制的」，會受許多偏見的支配，而RCT則是最難執行的一種研究。Donald Morisky和其同僚（1983）試驗：家庭參與高血壓治療計畫的配合度，這是一極好的模式，並提供家庭在本身健康上的說服性證據。另一個問題則是從事有關家庭治療研究上需要有一個適合比較性治療方案。最好的RCT之家庭治療是精神醫師Ian Falloon和其同僚（1982）研究精神分裂症，和心理學家M. Duncan Stanton和同僚T. C. Todd（1982）所做的海洛英吸毒研究。

最後，家庭和健康研究必須多去發展定量的方法，以提供作爲數量較少的個案研究參考，使其有更深入的洞察力。另外，有名之爲「自然情境調查（naturalistic inquiry）」的方案由家庭醫師Anton Kuzel（1986）所提出，這個方法是藉由人類學家Joan Ablon（1985）對家庭動力和酒精中毒的研究爲例證，以及由家庭醫師Lucy Candib和其同僚（1987）研究一位懷孕和生產的醫師和病人之間關係爲例證。Candib亦已提出受到女權運動者所批判，有關當代醫學中女人與家庭在其領導能力如何被研究和處遇。事實上，誠如在第四章所討論的，有許多家庭與健康研究文獻認爲，太太／媽媽將是家中生病成員的主要照顧者。而下個十年則傾向於看到美國家庭中，研究人員對男女角色假設的重新評估。

## 家庭測量

家庭與健康研究在方法論上的主要問題是，具有信度及效度的測量方法並不多。許多研究採用無結構式的以及印象派的家庭評估法，或是已發展出詳盡的評估設計，但缺乏標準化和信度及效度的測試。有一些較好的評估工具只考慮婚姻的次要系統（如，婚姻適應量表——Locke and Wallace, 1959），或家庭生活的單次元，如父母親的溝通（例如，家庭Rorschach——Singer and Wynne, 1965a）或只是表達情緒（例如，Camberwell家庭訪問——Vaughn and Leff, 1976）。過去十年，已發展出測量工具，試圖去測量整個家庭的功能，此工具也開始運用在家庭與健康的研究上。這些方法絕大部分是依賴家庭成員的自陳報告，只有一些研究使用家庭直接觀察法。

Forman和Hagan（1983）檢視了六年來用來評估全體家庭的功能之心理測定特質的工具。這些工具包括：家庭適應（Family Adaptability）和結合評估量表（Cohesion Evaluation Scale，簡稱FACES）（Olson 1986; Olson et al., 1985）、家庭環境量表（Family Environment Scale，簡稱FES）（Moos, 1974）、家庭功能指標（Family Functioning Index）（Pless and Satterwhite, 1973）、家庭概念評估（Family Concept Assessment Method）（van der veen, 1965）、家庭評估設計（Family Assessment Device）（Epstein et al., 1978）和Beavers-Timberlawn家庭評量表（Beavers-Timberlawn Family Evaluation

Scale，簡稱BTFES）　（Lewis et al., 1976）。另外，一項
突出的家庭與環境互動的典範量表是Reiss　（1981）在「卡
片歸類程序（Card Sort Procedure）」中所使用的工具。
大部分這些工具顯然有合理良好的穩定性（測試、再測試可
靠性）和內在一致性（亦即信度），但較少注意其有效性
（亦即效度）。有些人試圖去對不同的工具作交互驗證
（Oliveri and Reiss, 1984）但發現工具之間並無共同關聯
性，甚至當他們在測量相同的家庭屬性方面也沒有發現有無
相關性。缺少一致性的原因不知是使用不同方法所導致（自
陳報告與觀察）的，或是測量的觀念、測量本身所導致，也
就不得而知。

　　測量家庭功能的工具仍然處於原始階段。綜觀這些工
具：FACES工具、家庭評估設計，和卡片歸類程序，在家庭
與健康領域上大有希望，這些工具那一種普遍好用很難下決
定，也不知那一種對研究更有效用。目前仍需要有更多的研
究工作來比較這些工具，像是測量家庭概念層面上的澄清或
是檢驗不同的方法，這二者都需更進一步的研究。

　　整體而言，在研究家庭與健康上，比較少去注意方法論。
有許多作者藉由橫斷研究發現了一些關係，然而無標準化的
家庭評估技術和沒有效度的自陳疾病報告，卻是經常被採用
的研究方法。用來顯示家庭因素和健康疾病有強烈關聯，需
要強而有力的證明，這些證據則有賴所使用的研究方法有品
質才有辦法達成。

　　雖然有關家庭與健康研究的問題令人擔心，但在1980年

代，由於科際整合發展，如結合定質與定量的方法，測量生物及家庭並重，使用成熟的統計技術等，所以仍令人鼓舞。在1980年代早期，很少有成立基金來研究複雜的家庭與健康科學的案例，但在1980年代後期，聯邦政府已改變作風，一個具有代表性的基金會在1986年成立了「全國心理健康機構中的健康與行為分會 (the Health and Behavior Branch in the National Institute of Mental Health)」，委任其成立生物社會心理研究計畫基金。假如各學科間共同繼續合作下去，再加上聯邦基金開放成立，則下個十年必定是家庭與健康研究在歷史上最讓人興奮的時期。

## 家庭參與健康照護

在研究上重新引發研究者的興趣，在家庭與健康領域中掀起一陣高潮（在文獻上）不斷地探討有關臨床與家庭工作如何處理健康與疾病的問題。此一發展趨勢在家庭醫學和護理上已相當突出，而此二個領域亦已伸展到家庭治療領域裡。當醫護人員開始體驗以家庭為中心的健康護理時，一個重要的專業問題立刻浮現：什麼是介入家庭的適當方法，可以讓醫師和護士去參與，而不會使得這些主要的健康專業人員變成「家庭治療師」？

在家庭醫學和家庭護理二者的領導人都有類似反應，面對此一挑戰：澄清他們和家庭的角色是與家庭治療師的角色

有所不同的。有些新的名詞被發明，如「與家人合作工作
（working with families）」、「主要照顧家庭諮詢（pri-
mary care family counseling）」及「家庭護理（family
nursing）」──每一種名詞都用來分辨與家庭治療師不
同。發明新名詞的目的是爲了能讓主護醫護人員的獨特功能
被加以描述，而不用去暗示這些專業人員具有和家庭治療師
一樣的服務能力（而不必用特殊的訓練）（Doherty,
1986）。還有最近，Doherty和Baird（1986, 1987）已提出
一個五個層次的模式（見表7.1），此模式是以醫護人員參與
家庭健康照護前後相關的背景，把主要照顧的角色分成四個
強度漸增的層次，並加一個第五層次，名爲「家庭治療」。
我們將使用此一模式，強調醫護人員與家庭之間在健康照護
上，他的範圍及適當的互動方法。如 表7.1 總結此模式提供
了：知識基礎、個人發展基礎，和醫護人員參與每一程度所
需的技術。剛開始是由醫師心中發展出來的，然而，我們相
信此一模式足夠描述一般家庭和各種不同醫護人員間的互動
關係。

程度一　最少的強調家庭（Minimal Emphasis on Fam-
ily）　呈現參與家庭的程度，一般是在大學附設醫院中醫師
的練習，或其它第三醫療中心訓練醫藥生或住院醫師的練
習。對醫護人員來說，不把家庭視爲注意或關心的主體，除
了實習練習和法律的理由要求與家庭接觸外，病人個人及其
疾病的過程才是唯一注意的焦點。

程度二　進行醫療資訊和建議（Ongoing Medical Infor-

## 表7.1 醫護人員參與家庭的程度

**程度一　最低的強調家庭**

　　此一參與的基本程度包括只處理家庭成員所需的工作，基於醫學／法律理由，但不把與家屬溝通視爲醫護人員整體角色的一部分，或當成醫護人員參與的技術而加以發展。此程度是大部分醫藥學校訓練的特徵，並將照護病人的唯一焦點放在生物學問題上。

**程度二　進行醫學資訊和建議**

*知識基礎*：主要是醫學，並注意醫護人員與病人間的三角關係。

*個人發展*：開放地參與病人和家庭的合作方式。

*技術*：1.定期、清楚地和家屬溝通醫學發現和治療的選擇。

　　　2.問家屬問題，從而引出相關的診斷和治療資訊。

　　　3.專心傾聽家屬的問題及其關心的事宜。

　　　4.建議家屬如何處理病人的醫藥和復健需要。

　　　5.對於大家庭或要求過多的家庭，知道如何透過一二個關鍵人物去溝通。

　　　6.粗略認識家庭功能不良所造成的干擾，並轉介給家庭治療師。

**程度三　感覺和支持**

*知識基礎*：正常的家庭發展和壓力反應。

*個人發展*：注意自己與病人和家屬關係的感覺。

*技術*：1.問問題，以引出家屬對病人情況的感覺和關心，和其家庭成員的努力。

　　　2.以同理心傾聽家屬的關心和感覺，並將其視爲正常化。

　　　3.對於與病人問題有關的情形建立一套家庭功能程度基本評估。

　　　4.鼓勵家人在其能力內適應其情況。

　　　5.擬定適合家庭獨特需要、關心和感覺的醫藥建議。

　　　6.認識家庭功能不良的情況，推薦適合家庭需要的轉介。

**續表7.1**

程度四　有系統的評估並有計畫性的介入

*知識基礎*：家庭系統。

*個人發展*：了解自己參與的系統，包括治療的三角關係。

*醫療系統*：自己的家庭系統，和較大社區系統。

*技術*：1.安排家人，包括不願意的家人，參加有計畫的家庭會議或一系列的會議。

　　　　2.和難溝通的家庭籌辦一個會議讓所有家人有機會表達。

　　　　3.有系統地評估家庭的功能程度。

　　　　4.支持個別成員，但要避免聯合。

　　　　5.重新設定家庭的問題，讓問題能更容易解決。

　　　　6.幫助家屬了解他們的問題，以求新形成的同心協力。

　　　　7.幫助家屬想出替代方案，便其相互接受，以適應困難。

　　　　8.以一種支持又不妨礙任何人的自主性方法來幫助家庭平衡其在適應上所做的努力，修正他們不同的角色。

　　　　9.確認在主要治療之後所出現的家庭功能不良情形，並安排轉介衛教和治療師。

程度五　家庭治療

*知識基礎*：家庭系統和型態，了解功能不良的家庭與專業人員和其它健康醫療系統間的互動。

*個人發展*：有能力處理家庭和自己的強烈情緒，在面對來自家屬和其他醫護人員的壓力時，能保持中立客觀。

*技術*：1.和不易參與的家庭或家屬面談。

　　　　2.有效假設家庭的困難和互動型態，並測試之。

　　　　3.升高家庭的衝突，以打破其僵局。

　　　　4.暫時援助家中某一成員來對抗另一家庭成員。

　　　　5.建設性處理家庭對改變的強烈抵抗。

　　　　6.和其他從事家庭工作的專業人員系統協商合作關係，甚至當這些小組與其它小組沒有連絡時，也要促使其合作。

mation and Advice) 呈現醫護人員與家庭之間的合作關係，二者有穩定的資訊流通，並對合作性的決定有準備，以達病人和家庭的幸福。然而，在此程度，醫護人員與家庭之間的溝通只限於醫療資訊以及建議。醫護人員只認定「原因」，而不討論家庭對於所發生的感覺。雖然有此一限制，但我們相信許多家庭仍樂於和醫護人員間有自由資訊的溝通，此為本程度的特色。

　　**程度三　感覺和支持 (Fellings and Support)**　醫護人員超越資訊的程度，與家屬進行情緒反應的溝通。醫護人員懇請家屬分享他們的害怕和希望，關心病人和他們自己。當家庭承受嚴重壓力時，醫護人員能提供他們情緒上的支持，幫助他們了解什麼事情發生在他們身上，並轉介他們到支持團體和其它資源。我們視此為一理想的主護醫護人員參與家庭的程度，一方面大部分處理壓力的家庭若能公開面對，則可從中獲利，另一方面能提高醫護人員的專業滿足的程度。同時，我們承認會有時間不同結構和機構內的限制，會阻止醫護人員和家庭隨時想要的互動。然而在住院期間經過一段時間的接觸，要確定一長久持續的臨床關係。程度三的互動，一般在激發醫護人員和家庭之間的互動。

　　**程度四　有系統的評估並有計畫性的介入 (Systematic Assessment and Planned Intervention)**　加入前一程度介入元素，以幫助家屬改變和疾病有關的互動型態。此一介入只有在程度二資訊，及程度三情緒交換之後才可能發生和家庭一起努力適應疾病。例如，家中一有新患糖尿病的青春期

少年，家庭可能會經歷注射胰島素責任歸屬的問題：像是青年一直說「那是我的責任」，但却一直無法遵照規定，而父母一直不停的檢查，並且批評她無法遵守規定。主治醫師如果曾受家庭系統理論和家庭介入的基本訓練，可能會評估家庭此一錯誤的循環，並積極地介入此家庭型態，例如，要求青年負起自己的責任宣告並挑戰，幫助父母改變成鼓勵的角色，合理期望他們的女兒自行注射，而不要以一種監視和批評的角色，傳達對她沒有信心。

程度五　家庭治療（Family Therapy）　呈現密集介入功能不良的家庭系統。這需要超越一般主治醫護人員的訓練，除了那些有經過碩士訓練的家庭治療師外，理想的行動方案是在臨床組織中要包括一位家庭治療師的密切參與，並與主護醫護人員並肩工作。在一些個案裡，治療師和醫護人員盡可能一起工作，幫助有特殊生物心理社會問題的家庭。但經常，當主治醫護人員評估家庭功能不良，或當程度三或程度四的參與無助於改善問題時，則可以轉介到程度五的家庭治療師。

此模式的用意在形成一種指導，以了解家庭內的責任範圍，而不是一種處方告訴醫護人員在處理什麼家庭用什麼方法。因此，當家庭不願討論他們的感覺，或當時間太短無法公開一潛在痛苦的討論時，那麼醫療資訊和建議的互動可能是最適合的。相同地，程度四的介入，必須當家庭要幫助解決困難時才適當，且必須有心理社會治療同意書，就如同做生物醫學治療一般。因此，這層次雖不構成一理想的治療體

系，但它可以方便醫護人員和家庭有替代方案地來使用。這些層次也可用來當作醫護人員評估自己在家庭中心照顧能力的方法，亦即醫護人員沿著這些層次尚需做到多少？有些醫護人員只有在面對事實時，才感到舒服，或是只能控制情緒壓力而不知如何介入。最後，此模式提供醫護人員一種指導個人發展、知識和技術，讓有意提昇個人能力的醫護人員，發展更好的家庭照護工作。

如先前討論的多層次的家庭介入，家庭所需全程的服務範圍太廣泛，這並不是任何一個醫護人員或專業人員所能提供，而且因為受限於時間和訓練上，以致任何醫護人員都無法「全能」地面對家庭。因此比較可行的辦法是各種專業人員間的合作，使大家具有重疊的健康照護哲學，但有其不同的訓練和工作責任。如此的合作健康護理模式已由Michael Glenn（1987）發展出來。這些安排使專業人員面臨挑戰，以便超越其傳統角色，尋求家庭服務的改善。

## 結論

1980年代，研究人員和醫護人員對家庭與健康的興趣已萌芽，範圍之廣泛包括了理論與專業，此種成長是由於下列因素的影響：更成熟的家庭醫學理論出現、護理界發現其在病人護理中的社會責任，和家庭研究人員和治療師了解家庭為一生物心理社會實體。而健康心理和社會行為流行病學的

平行發現，對家庭與健康領域的發展則有其極大的貢獻。

同時，1980年代美國健康照護也改變其形式。另外，在健康照護的領域中，經濟和專業團體也逐漸成爲重要探討的問題。我們希望在本書中研究人員和醫護人員的工作文獻，能對家庭面對健康照護的重要性提供出有力證據。

## 問題討論

1. 討論家庭健康與疾病週期的優點和限制，另外，它所認爲家庭與健康經驗較好的層面是什麼？而此模式處理較不理想的層面是什麼？
2. 家庭和健康研究與其它社會科學研究比較，其難易各爲何？此領域發展是否成熟，能有一貫穿的理論可解釋家庭與健康之間的關係嗎？如沒有，爲什麼？
3. 討論Doherty和Baird的「醫護人員參與家庭程度」中每一程度的優缺點。

## 建議讀物

Doherty, W. J., & Baird, M. A. (Eds.). (1987). *Family-centered medical care: A clinical casebook*. New York: Guilford.

Engel, G. L. (1977). The need for a new medical model: A challenge for biomedicine. *Science, 196,* 129-136.

Forman, B. D., & Hagan, B. J. (1983). A comparative review of total family functioning measures. *American Journal of Family Therapy, 11,* 25-40.

Litman, T. J., & Venters, M. (1979). Research on health care and the family: A methodological overview. *Social Science and Medicine, 13a,* 379-385.

# 參考文獻

Ablon, J. (1985). Irish-American Catholics in a West Coast metropolitan area. In L. A. Bennett & G. M. Ames (Eds.), *The American experience with alcohol: Contrasting cultural perspectives.* New York: Plenum.

Abramson, H. A., & Peshkin, H. M. (1979). Psychosomatic group therapy with parents of children with intractable asthma: The Peters family. *Journal of Asthma Research, 16,* 103-117.

Ader, R. (1981). *Psychoneuroimmunology.* New York: Academic Press.

Albert, J. J., Kosa, J., & Haggerty, R. J. (1967). A month of illness and health care among low-income families. *Public Health Reports, 82,* 705-713.

American Cancer Society. (1982). *Cancer facts and figures: 1983.* New York: Author.

American Heart Association. (1984). Recommendations for treatment of hyperlipidemias in adults: A joint statement of the Nutrition Committee and the Council on Arteriosclerosis. *Circulation, 65,* 839A-854A.

Anderson, B. J., & Auslander, W. F. (1980). Research on diabetes management and the family: A critique. *Diabetes Care, 3,* 696-702.

Anderson, B. J., Miller, J. P., Auslander, W. F., & Santiago, J. V. (1981). Family characteristics of diabetic adolescents: Relationship to metabolic control. *Diabetes Care, 4,* 586-594.

Antonovsky, A. (1979). *Health, stress, and coping.* San Francisco: Jossey-Bass.

Aries, P. (1975). The reversal of death: Changes in attitudes toward death in Western societies. In D. E. Stannard (Ed.), *Death in America.* Philadelphia: University of Pennsylvania Press.

Baker, L. C. (1987). Families and illness. In M. Crouch & L. Roberts (Eds.), *The family in medical practice: A family systems.* New York: Springer-Verlag.

Baker, L. C., Barcai, A., Kaye, R., & Haque, N. (1969). Beta adrenergic blockade and juvenile diabetes: Acute studies and long-term therapeutic trial. *Journal of Pediatrics, 75,* 19-29.

Baker, L. C., Minuchin, S., Milman, L., Liebman, R., & Todd, T. (1975). Psychosomatic aspects of juvenile diabetes mellitus: A progress report. *Modern Problems in Pediatrics, 12,* 332-343.

Baker, L. C., & Pontious, J. M. (1984). Treating the health care family. *Family Systems Medicine, 2,* 401-408.

Baranowski, T., & Nader, P. R. (1985). Family health behavior. In D. C. Turk & R. D. Kerns (Eds.), *Health, illness, and families: A life-span perspective.* New York: John Wiley.

Baranowski, T., Nader, P. R., Dunn, K., & Vanderpool, N. A. (1982, Summer). Family self-help: Promoting changes in health behavior. *Journal of Communications,* pp. 161-172.

Barbarin, O. A., & Chesler, M. A. (1984). Relationships with the medical staff and aspects of satisfaction with care expressed by parents of children with cancer. *Journal of Community Health, 9,* 302-312.

Barbarin, O. A., Hughes, D., & Chesler, M. A. (1985). Stress, coping, and marital functioning among parents of children with cancer. *Journal of Marriage and the Family, 47,* 473-480.

Barbarin, O. A., & Tirado, M. (1984). Family involvement and successful treatment of obesity: A review. *Family Systems Medicine, 2,* 37-45.

Bartrop, R. W., Luckhurst, E., Lazarus, L., Kiloh, L. G., & Penny, R. (1977). Depressed lymphocyte function after bereavement. *Lancet, 1,* 834-836.

Bass, L. W., & Cohen, R. I. (1982). Ostensible versus actual reasons for seeking pediatric attention: Another look at parental tickets of admission. *Pediatrics, 70,* 870-874.

Beautrais, A. L., Fergusson, D. M., & Shannon, F. T. (1982). Life events and childhood morbidity: A prospective study. *Pediatrics, 70,* 935-940.

Becker, L., Steinbauer, J., & Doherty, W. J. (1985). A biopsychosocial smoking cessation program. *Family Systems Medicine, 3,* 103-110.

Berkman, L. F. (1984). Assessing the physical health effects of social networks and social support. *Annual Review of Public Health, 5,* 413-432.

Berkman, L. F., & Syme, S. L. (1979). Social networks, host resistance and mortality: A nine year follow-up study of Alameda County residents. *American Journal of Epidemiology, 109,* 186-204.

Berlin, E. A., & Fowkes, W. C. (1983). A teaching framework for cross-cultural health care. *Western Journal of Medicine, 139,* 934-938.

Berman, S., & Villarreal, S. (1983). Use of a seminar as an aid in helping interns care for dying children and their families. *Clinical Pediatrics, 22,* 175-179.

von Bertalanffy, L. (1968). *General systems theory.* New York: Braziller.

Bewley, B. R., & Bland, J. M. (1977). Academic performance and social factors related to cigarette smoking by school children. *British Journal of Preventive and Social Medicine, 31,* 18-24.

Binger, C. M., Ablin, A. R., Geuerstein, R. C., Kushner, J. H., Zoger, S., & Mirrelsen, C.

(1969). Childhood leukemia: Emotional impact on patient and family. *New England Journal of Medicine, 280,* 414-418.

Blazer, D. G. (1982). Social support and mortality in an elderly community population. *American Journal of Epidemiology, 115,* 684-694.

Borysenko, M., & Borysenko, J. (1982). Stress, behavior, and immunity: Animal models and mediating mechanisms. *General Hospital Psychiatry, 4,* 59-67.

Bowen, M. (1976). Family reaction to death. In P. Guerin (Ed.), *Family therapy.* New York: Gardner Press.

Boyce, W. T., Jensen, E. W., Cassel, J. C., Collier, A. M., Smith, A. H., & Ramey, C. T. (1977). Influence of life events and family routines on childhood respiratory illness. *Pediatrics, 60,* 609-615.

Breslau, N., Staruch, K. S., & Mortimer, E. A. (1982). Psychological distress in mothers of disabled children. *American Journal of Diseases of Children, 136,* 682-686.

Breslau, N., Weitzman, M., & Messenger, K. (1981). Psychologic functioning of siblings in disabled children. *Pediatrics, 67,* 344-353.

Broadhead, W. E., Kaplan, B. H., James, S. A., Wagner, E. H., Schoenback, V. J., Grimson, R., Heyden, S., Tibblin, G., & Gehlback, S. H. (1983). The epidemiologic evidence for a relationship between social support and health. *American Journal of Epidemiology, 117,* 521-537.

Brody, S. J., Poulshock, S. W., & Masciocchi, C. F. (1978). The family caring unit: A major consideration in the long-term support system. *Gerontologist, 18,* 556-561.

Brownell, K. D., Heckerman, C. L., Westlake, R. J., Hayes, S. C., & Monti, P. M. (1978). The effects of couples training and partner co-operativeness in the behavioral treatment of obesity. *Behavioral Research and Therapy, 16,* 323-333.

Brownell, K. D., Kelman, J. H., & Stunkard, A. J. (1983). Treatment of obese children with and without their mothers: Changes in weight and blood pressure. *Pediatrics, 71,* 515-523.

Bruhn, J. G. (1977). Effects of chronic illness on the family. *Journal of Family Practice, 4,* 1057-1060.

Bryan, M. S., & Lowenberg, M. E. (1958). The father's influence on young children's food preferences. *Journal of American Dietetic Association, 34,* 30-35.

Bunch, J., Barraclough, B., Nelson, B., & Sainsbury, P. (1971). Suicide following death of parents. *Social Psychiatry, 6,* 193-199.

Burr, W. R., Hill, R., Nye, F. I., & Reiss, I. L. (Eds.). (1979). *Contemporary theories about the family* (2 vols.). New York: Free Press.

Cairns, N. U., Clark, G. M., Smith, S. D., & Lansky, S. B. (1979). Adaptation of siblings to childhood malignancy. *Journal of Pediatrics, 95,* 484-487.

Caldwell, R., Cobb, S., Dowling, M. D., & Jongh, D. (1970). The dropout problem in antihypertensive therapy. *Journal of Chronic Diseases, 22,* 579-592.

Califano, J.A.J. (1979). *Healthy people: The Surgeon General's report on health promotion and disease prevention*, DHEW (PHS) Publication No. 79-55071. Public

Health Service. Washington, DC: Government Printing Office.

Campbell, T. L. (1985). Family's impact on health: A critical review and annotated bibliography. *Family Systems Medicine, 4*, 135-328.

Campbell, T. L. (1986). *Family's impact on health: A critical review and annotated bibliography*, National Institute of Mental Health Series DN No. 6, DHHS Pub. No. (ADM) 86-1461. Washington, DC: Government Printing Office.

Candib, L. M., Steinberg, S. L., Bedinghaus, J., Martin, M., Wheeler, R., Pugnaire, M., & Wertheimer, R. (1987). Doctors having families: The effect of pregnancy and childbearing on relationships with patients. *Family Medicine, 19*, 114-119.

Carter, H., & Glick, P. C. (1970). *Marriage and divorce: A social and economic study*. Cambridge, MA: Harvard University Press.

Carter, R. E. (1984). Family reactions and reorganization patterns in myocardial infarction. *Family Systems Medicine, 2*, 55-65.

Cassel, J. (1976). The contribution of the social environment to host resistance. *American Journal of Epidemiology, 104*, 107-123.

Cassem, N. H., & Stewart, R. S. (1975). Management and care of the dying patient. *International Journal of Psychiatry in Medicine, 6*, 293-302.

Cassileth, B. R., Lusk, E. J., Strouse, T. B., Miller, D. S., Brown, L. L., & Cross, P. A. (1985). A psychological analysis of cancer patients and their next of kin. *Cancer, 55*, 72-76.

Cederblad, M., Helgesson, M., Larsson, Y., & Ludvigsson, J. (1982). Family structure and diabetes in children. *Pediatric Adolescent Endocrinology, 10*, 94-98.

Center for Disease Control. (1986). *Smoking and health: A national status report*, DHHS Pub. No. (CDC) 87-8396. Rockville, MD: Public Health Service.

Christensen, H. (Ed.). (1964). *Handbook of marriage and the family*. Chicago: Rand McNally.

Christie-Seely, J. (Ed.). (1984). *Working with families in primary care*. New York: Praeger.

Clayton, P. (1974). Mortality and morbidity in the first year of widowhood. *Archives of General Psychiatry, 30*, 747-750.

Clayton, P. (1979). The sequelae and nonsequelae of conjugal bereavement. *American Journal of Psychiatry, 136*, 1530-1534.

Cluff, L. (1981). Chronic disease, function and the quality of care [Editorial]. *Journal of Chronic Disease, 34*, 299-304.

Cobb, S., Harburg, E., Tabor, J., Hunt, P., Kasl, S. V., & Schull, W. J. (1969). The intrafamilial transmission of rheumatoid arthritis. *Journal of Chronic Disease, 22*, 193-194.

Cogswell, B. E., & Sussman, M. B. (Eds.). (1981). *Family medicine: A new approach to health care*. New York: Haworth.

Cohen, F. (1981). Stress and bodily illness. *Psychiatric Clinics of North America, 4*, 269-285.

Cohen, I. B. (1985). *Revolution in science*. Cambridge, MA: Harvard University Belknap Press.

Cohen, S., & Syme, S. L. (Eds.). (1985). *Social support and health*. Orlando, FL: Academic Press.

Combrinck-Graham, L. (1985). A developmental model for family system. *Family Process, 24*, 139-150.

Conrad, P. (1985). The meaning of medications: Another look at compliance. *Social Science and Medicine, 20*, 29-37.

Coppotelli, H. C., & Orleans, C. T. (1985). Partner support and other determinants of smoking cessation maintenance among women. *Journal of Consulting and Clinical Psychology, 53*, 455-460.

Council on Scientific Affairs. (1983). Dietary and pharmacologic therapy for lipid risk factors. *Journal of the American Medical Association, 250*, 1873-1879.

Crain, A. J., Sussman, M. B., & Weil, W. B. (1966). Effects of a diabetic child on marital integration and related measures of family functioning. *Journal of Health and Human Behavior, 7*, 122-127.

Culpepper, L., & Becker, L. A. (1987). *Family medicine research: Developing its base. In W. J. Doherty, C. E. Christianson, & M. B. Sussman (Eds.), Family medicine: The maturing of a discipline*. New York: Haworth.

Dano, P., & Hahn-Pedersen, J. (1977). Improvement in quality of life following jejunoileal bypass surgery for morbid obesity. *Scandinavian Journal of Gastroenterology, 12*, 769-774.

Demers, R. Y., Altamore, R., Mustin, H., Kleinman, A., & Leonardi, D. (1980). An exploration of the dimensions of illness behavior. *Journal of Family Practice, 11*, 1085-1092.

Dever, G.E.A. (1980). *Community health analysis: A holistic approach*. Germantown, MD: Aspen.

Doane, J. A., Falloon, R. H., Goldstein, M. J., & Mintz, J. (1985). Parental affective style and the treatment of schizophrenia: Predicting course of illness and social functioning. *Archives of General Psychiatry, 42*, 34-42.

Doherty, W. J. (1985). Family interventions in health care. *Family Relations, 34*, 129-137.

Doherty, W. J. (1986). Family therapy in family medicine. In A. S. Gurman & N. S. Jacobson (Eds.), *Clinical handbook of marital therapy*. New York: Guilford.

Doherty, W. J., & Baird, M. A. (1983). *Family therapy and family medicine: Toward the primary care of families*. New York: Guilford.

Doherty, W. J., & Baird, M. A. (1984). A protocol for family compliance counseling. *Family Systems Medicine, 2*, 333-336.

Doherty, W. J., & Baird, M. A. (1986). Developmental levels in family-centered medical care. *Family Medicine, 18*, 153-156.

Doherty, W. J., & Baird, M. A. (Eds.). (1987). *Family-centered medical care: A clinical casebook*. New York: Guilford.

Doherty, W. J., Baird, M. A., & Becker, L. A. (1987). Family medicine and the biopsychosocial model: The road toward integration. In W. J. Doherty, C. Christianson, & M. B. Sussman (Eds.), *Family medicine: The maturing of a discipline.* New York: Haworth.

Doherty, W. J., Christianson, C. E., & Sussman, M. B. (Eds.). (1987). *Family medicine: The maturing of a discipline.* New York: Haworth.

Doherty, W. J., & Colangelo, N. (1984). The family FIRO model: A modest proposal for organizing family treatment. *Journal of Marital and Family Therapy, 10,* 19-29.

Doherty, W. J., Colangelo, N., Green, A. M., & Hoffman, G. S. (1985). Emphasis of the major family therapy models: A family FIRO analysis. *Journal of Marital and Family Therapy, 11,* 299-303.

Doherty, W. J., & McCubbin, H. I. (1985). The family and health care [Special issue]. *Family Relations, 34,* 1.

Doherty, W. J., Schrott, H. G., Metcalf, L., & Iassiello-Vailas, L. (1983). Effect of spouse support and health beliefs on medication adherence. *Journal of Family Practice, 17,* 837-841.

Doherty, W. J., & Whitehead, D. (1986). The social dynamics of cigarette smoking: A family systems perspective. *Family Process, 25,* 453-460.

Dunbar, J., & Stunkard, A. J. (1979). Adherence to diet and drug regimen. In R. Levey, B. Rifkin, B. Dennis, & N. Ernst (Eds.), *Nutrition, lipids, and coronary heart disease.* New York: Raven.

Earp, J. L., Ory, M. G., & Strogatz, D. S. (1982). The effects of family involvement and practitioner home visits on the control of hypertension. *American Journal of Public Health, 72,* 1146-1153.

Eaustaugh, S. R., & Hatcher, M. E. (1982). Improving compliance among hypertensives: A triage criterion with cost benefit implications. *Medical Care, 20,* 1001-1017.

Eisenberg, L., & Kleinman, A. (1981). *The relevance of social science for medicine.* Boston, MA: D. Reidel.

Engel, G. L. (1971). Sudden and rapid death during psychological stress: Folk lore or folk wisdom. *Annuals of Internal Medicine, 74,* 771-782.

Engel, G. L. (1977). The need for a new medical model: A challenge for biomedicine. *Science, 196,* 129-136.

Epstein, N. B., Bishop, D. S., & Levin, S. (1978). The McMaster model of family functioning. *Journal of Marriage and Family Counseling, 4,* 19-31.

Falloon, I. R., Boyd, J. L., & McGill, C. W. (1984). *Family care of schizophrenia.* New York: Guilford.

Falloon, I. R., Boyd, J. L., McGill, C. W., Razani, J., Moss, H. B., & Gilderman, A. M. (1982). Family management in the prevention of exacerbations of schizophrenia: A controlled study. *New England Journal of Medicine, 306,* 1437-1440.

Feinleib, M., Garrison, R. J., Fabsitz, R. et al. (1977). The NHLBI twin study of cardiovascular disease risk factors: Methodology and summary of results. *American Journal of Epidemiology, 106,* 284-295.

Ferrari, M., Matthews, W. S., & Barabas, G. (1983). The family and the child with epilepsy. *Family Process, 22*, 53-59.

Fielding, J. E. (1985). Smoking: Health effects and control. *NEJM, 313*, 491-498, 555-561.

Fink, S. L., Skipper, J. K., & Hallenbeck, P. N. (1968). Physical disability and problems in marriage. *Journal of Marriage and the Family, 30*, 64-73.

Fischer, A. E., & Dolger, H. (1946). Behavior and psychological problems of young diabetic patients. *Archives of Internal Medicine, 78*, 711-732.

Flora, G. G. (1977). Problem solving in diagnostics and therapeutic of neurology: The treatment of seizure disorders. *South Dakota Journal of Medicine, 30*, 15-16.

Fogarty, T. F. (1979). The distance and pursuer. *The Family, 7*, 11-16.

Forman, B. D., & Hagan, B. J. (1983). A comparative review of total family functioning measures. *American Journal of Family Therapy, 11*, 25-40.

Friel, P. B. (1983). Death and dying. *Annals of Internal Medicine, 97*, 767-771.

Gardner, R. (1969). The guilt reaction of parents of children with severe physical disease. *American Journal of Psychiatry, 126*, 636-644.

Garn, S. M., Cole, P. E., & Bailey, S. M. (1976). Effect of parental fatness levels on the fatness of biological and adoptive children. *Ecology of Food and Nutrition, 6*, 1-3.

Gilder, R., Buschman, P. R., Sitarz, A. L., & Wolff, J. A. (1978). Group therapy with parents of children with leukemia. *American Journal of Psychotherapy, 32*, 276-286.

Gilliss, C. L., Highley, B. L., Roberts, B. M., & Martinson, I. M. (In press). *Toward a science of family nursing*. Connecticut: Appleton-Canger.

Glazier, W. (1973). The task of medicine. *Scientific American, 228*, 13-17.

Glenn, M. L. (1984). *On diagnosis: A systemic approach*. New York: Brunner/Mazel.

Glenn, M. L. (1987). *Collaborative health care: A family-oriented approach*. New York: Praeger.

Golub, E. (1981). Cancer and death in the Promethean Age. *Journal of Popular Culture, 14*, 725-731.

Gorton, T. A., Doerfler, D. L., Hulka, B. S., & Tyroler, H. A. (1979). Intrafamilial patterns of illness reports and physician visits in a community sample. *Journal of Health and Social Behavior, 20*, 37-44.

Gottlieb, B. H. (1976). Lay influences on the utilization and provision of health services: A review. *Canadian Psychological Review, 17*, 126-136.

Graham, S., & Gibson, R. W. (1971). Cessation of patterned behavior: Withdrawal from smoking. *Social Science and Medicine, 5*, 319-337.

Grey, M. J., Genel, M., & Tamborlane, W. V. (1980). Psychosocial adjustment of latency-age diabetics: Determinants and relationship to control. *Pediatrics, 65*, 69-73.

Haley, J. (1980). *Leaving home*. New York: McGraw-Hill.

Hartman, A., & Laird, J. (1983). *Family-centered social work practice*. New York: Free Press.

Hartz, A., Giefer, E., & Rimm, A. A. (1977). Relative importance of the effect of family environment and heredity on obesity. *Annual of Human Genetics, 41*, 185-193.

Hauck, G. (1972). Sociological aspects of epilepsy research. *Epilepsia, 13*, 79-85.

Haynes, R. B., Mattson, M. E., Chobanian, A. V., Dunbar, J. M., Engebretson, T. O. et al. (1982). Management of patient compliance in the treatment of hypertension: Report of the NHLBI working group. *Hypertension, 4*, 415-423.

Haynes, R. B., Taylor, D. W., & Sackett, D. L. (Eds.). (1979). *Compliance in health care.* Baltimore: Johns Hopkins University Press.

Heinzelman, F., & Bagley, R. W. (1970). Response to physical activity programs and their effects on health behavior. *Public Health Reports, 85*, 905-911.

Helsing, K. J., & Szklo, M. (1981). Mortality after bereavement. *American Journal of Epidemiology, 114*, 41-52.

Henao, S., & Grose, N. P. (Eds.). (1985). *Principles of family systems in family medicine.* New York: Brunner/Mazel.

Hepworth, J., & Jackson, M. (1985). Health care for families: Models of collaboration between family therapist and family physicians. *Family Relations, 34*, 123-127.

Hilfiker, D. (1984). Facing our mistakes. *New England Journal of Medicine, 310*, 118-122.

Hill, R. (1949). *Families under stress.* New York: Harper.

Hill, R. (1958). Generic features of families under stress. *Social Casework, 39*, 139-159.

Hoebel, F. C. (1976). Brief family-interactional therapy in the management of cardiac-related high-risk behaviors. *Journal of Family Practice, 3*, 613-618.

Hofer, M. A. (1984). Relationships as regulators: A psychobiologic perspective on bereavement. *Psychosomatic Medicine, 46*, 183-197.

Hollingsworth, C. E., & Pasnau, R. O. (1977). The physician's responsibility. Pp. 41-44 in C. E. Hollingsworth & R. O. Pasnau (Eds.), *The family in mourning: A guide for health professionals.* New York: Grune & Stratton.

Holmes, T. H., & Rahe, R. H. (1967). The social readjustment scale. *Journal of Psychosomatic Research, 39*, 413-431.

House, J. S., Robbins, C., & Metzner, H. L. (1982). The association of social relationships and activities with mortality: Prospective evidence from the Tecumseh Community Health Study. *American Journal of Epidemiology, 116*, 123-140.

Irvine, P. (1985). The attending at the funeral. *New England Journal of Medicine, 312*, 1704-1705.

Isaacs, B. (1971). Geriatric patients: Do their families care? *British Medical Journal, 4*, 282-286.

Jacobs, S., & Ostfeld, A. (1977). An epidemiological review of the mortality of bereavement. *Psychosomatic Medicine, 39*, 344-357.

Jemmott, J. B., & Locke, S. E. (1984). Psychosocial factors, immunologic mediation, and human susceptibility to infectious diseases: How much do we know? *Psychological Bulletin, 95*, 78-108.

Johnson, E. M., & Stark, D. E. (1980). A group program for cancer patients and their family members in an acute care teaching hospital. *Social Work in Health Care, 5*, 335-349.

Johnson, S. B. (1980). Psychosocial factors in juvenile diabetes: A review. *Journal of*

*Behavioral Medicine, 3,* 95-116.

Kalnins, I. V., Churchill, M. P., & Terry, G. E. (1980). Concurrent stress in families with a leukemic child. *Journal of Pediatric Psychology, 5,* 81-92.

Kasl, S. V., & Cobb, S. (1966). Health behavior, illness behavior, and sick role behavior. *Archives of Environmental Health, 12,* 246-266.

Khurana, R., & White, P. (1970). Attitudes of the diabetic child and his parents towards his illness. *Postgraduate Medicine, 48,* 72-76.

Klein, R. F., Dean, A., & Bogdonoff, M. D. (1967). The impact of illness on the spouse. *Journal of Chronic Disease, 20,* 241-248.

Kleinman, A. (1980). *Patients and healers in the context of culture.* Berkeley: University of California Press.

Klus, J., Habbick, B. F., & Abernathy, T. J. (1983). Diabetes in children: Family responses and control. *Psychosomatics, 24,* 367-372.

Koch, A. (1985). "If only it could be me": The families of pediatric cancer patients. *Family Relations, 34,* 63-70.

Komarovsky, M. (1940). *The unemployed man and his family.* New York: Dryden.

Kones, R. J. (1979). Emotional stress, plasma catecholamines, cardiac risk factors, and atherosclerosis. *Angiology, 30,* 327-336.

Korsch, B. M., & Negrette, V. F. (1972). Doctor-patient communication. *Scientific American, 227,* 66-74.

Koski, M. L., & Kumenta, A. (1977). The interrelationship between diabetic control and family life. *Pediatric Adolescent Endocrinology, 3,* 41-45.

Koukal, S. M., & Parham, E. S. (1978). A family learning experience to serve the juvenile patient with diabetes. *Journal of American Diabetic Association, 72,* 411-413.

Krant, M. J., Doster, N. J., & Ploof, S. (1980). Meeting the needs of the late-stage elderly cancer patient and family: A clinical model. *Journal of Geriatric Psychiatry, 13,* 53-61.

Krant, M. J., & Johnston, L. (1978). Family member's perception of communication in late-stage cancer. *International Journal of Psychiatry in Medicine, 8,* 203-216.

Kraus, A. S., & Lilienfeld, A. M. (1959). Some epidemiological aspects of the high mortality rate in the young widowed group. *Journal of Chronic Disease, 10,* 207-217.

Kübler-Ross, E. (1969). *On death and dying.* New York: Macmillan.

Kucia, C., Drotar, D., Doershuk, C., Stern, R., Boat, T., & Matthews, L. (1979). Home observations of family interaction and childhood adjustment to cystic fibrosis. *Journal of Pediatric Psychology, 4,* 189-195.

Kuzel, A. J. (1986). Naturalistic inquiry: An appropriate model for family medicine. *Family Medicine, 18,* 369-374.

Lansky, S. B., Cairns, N. U., Hassanein, Wehr, J., & Lowman, J. T. (1978). Childhood cancer: Parental discord and divorce. *Pediatrics, 62,* 184-188.

Lave, J. R. (1985). Cost containment polices in long-term care. *Inquiry, 22,* 7-23.

Lavigne, J. V., & Ryan, M. (1979). Psychologic adjustment of siblings of children with chronic illness. *Pediatrics, 63,* 616-627.

Leff, J., Kuipers, L., Berkowitz, R., Everlein-Vries, R., & Sturgeon, D. (1982). A controlled trial of social interventions in the families of schizophrenic patients. *British Journal of Psychiatry, 141*, 121-134.

Leventhal, H., Leventhal, E. A., & Van Nguyen, T. (1985). Reactions of families to illness: Theoretical models and perspectives. In D. C. Turk & R. D. Kerns (Eds.), *Health, illness, and families: A life-span perspective.* New York: John Wiley.

Levine, D. M., Green, L. W., Deeds, S. G., Chwalow, J., Russel, R. P., & Finlay, J. (1979). Health education for hypertensive patients. *Journal of the American Medical Association, 241*, 1700-1703.

Lewis, J. M., Beavers, W. R., Gossett, J. T., & Philips, V. A. (1976). *No single thread.* New York: Brunner-Mazel.

Lichtenstein, E. (1982). The smoking problem: A behavioral perspective. *Journal of Consulting and Clinical Psychology, 50*, 465-466.

Like, R. C., & Steiner, R. P. (1986). Medical anthropology and the family physician. *Family Medicine, 18*, 87-92.

Lindemann, E. (1944). Symptomatology and management of acute grief. *American Journal of Psychiatry, 101*, 500-541.

Lipowski, Z. J. (1969). Psychosocial aspects of disease. *Annals of Internal Medicine, 71*, 1197-1206.

Litman, T. J. (1974). The family as a basic unit in health and medical care: A social-behavioral overview. *Social Science and Medicine, 8*, 495-519.

Litman, T. J., & Venters, M. (1979). Research on health care and the family: A methodological overview. *Social Science and Medicine, 13A*, 379-385.

Locke, H. J., & Wallace, K. M. (1959). Short-term marital adjustment and prediction tests: Their reliability and validity. *Journal of Marriage and Family Living, 21*, 251-255.

Lown, B., Desilva, R. A., Reich, P., & Murawski, B. J. (1980). Psychophysiologic factors in sudden cardiac death. *American Journal of Psychiatry, 137*, 1325-1335.

Lubkin, I. M. (1986). *Chronic illness: Impact and interventions.* Boston: Jones & Bartlett.

Lynch, J. (1977). *The broken heart: The medical consequences of loneliness.* New York: Basic Books.

MacMahon, B., & Pugh, T. F. (1965). Suicide in the widowed. *American Journal of Epidemiology, 81*, 23-31.

Marrero, D. G., Lau, N., Golden, M. P., Kershnar, A., & Myers, G. C. (1982). Family dynamics in adolescent diabetes mellitus: Parental behavior and metabolic control. *Pediatric Adolescent Endocrinology, 10*, 77-82.

Marshall, J. R., & Neill, F. (1977). The removal of a psychosomatic symptom: Effects on the marriage. *Family Process, 16*, 273-280.

Marten, G. W., & Mauer, A. M. (1982). Interaction of health-care professionals with critically ill children and their parents. *Clinical Pediatrics, 21*, 540-544.

Matarazzo, J. D. (1984). Behavioral health: A 1990 challenge for the health sciences professions. In J. D. Matarazzo, S. M. Weiss, J. A. Herd, N. E. Miller, & S. M. Weiss (Eds.), *Behavioral health: A handbook of health enhancement and disease preven-*

*tion*. New York: John Wiley.

Maurin, J., & Schenkel, J. (1976). A study of the family unit's response to hemodialysis. *Journal of Psychosomatic Research, 20,* 163-168.

McCubbin, H. I., Joy, C. B., Cauble, A. E., Comeau, J. K., Patterson, J. M., & Needle, R. H. (1980). Family stress and coping: A decade review. *Journal of Marriage and the Family, 42,* 855-871.

McCubbin, H. I., & Patterson, J. M. (1983). The family stress process: The double ABCX model of adjustment and adaptation. In H. I. McCubbin, M. B. Sussman, & J. M. Patterson (Eds.), *Social stress and the family: Advances and developments in family stress theory and research.* New York: Haworth.

McDaniel, S. H., Bank, J., Campbell, T., Mancini, J., & Shore, B. (1986). Using group as a consultant: A systems approach to medical care. In L. C. Wynne, S. H. McDaniel, & T. Weber (Eds.), *Systems consultation: A new perspective for family therapy.* New York: Guilford.

McKenney, J. M., Slining, J. M., Henderson, H. R., Devins, D., & Barr, M. (1973). The effect of clinical pharmacy services on patients with essential hypertension. *Circulation, 48,* 1104-1111.

Medalie, J. H., & Goldbourt, U. (1976). Angina pectoris among 10,000 men: Psychosocial and other risk factors as evidenced by a multivariate analysis of a five year incidence study. *American Journal of Medicine, 60,* 910-921.

Mermelstein, R., Lichtenstein, E., & McIntyre, K. (1983). Partner support and relapse in smoking cessation programs. *Journal of Consulting and Clinical Psychology, 51,* 465-466.

Meyer, R. J., & Haggerty, R. J. (1962). Streptococcal infections in families: Factors altering individual susceptibility. *Pediatrics, 29,* 539-549.

Minuchin, S., Baker, L., Rosman, B. L., Liebman, R., Milman, L., & Todd, T. C. (1975). A conceptual model of psychosomatic illness in children: Family organization and family therapy. *Archives of General Psychiatry, 32,* 1031-1038.

Minuchin, S., Rosman, B. L., & Baker, L. (1978). *Psychosomatic families: Anorexia nervosa in context.* Cambridge, MA: Harvard University Press.

Moos, R. H. (1974). *The social climate scales: An overview.* Palo Alto: Consulting Psychologists Press.

Moos, R. H., & Moos, B. S. (1976). A typology of family social environments. *Family Process, 15,* 357-371.

Morisky, D. E., Levine, D. M., Green, L. W., Shapiro, S., Russell, R. P., & Smith, C. R. (1983). Five year blood pressure control and mortality following health education for hypertensive patients. *American Journal of Public Health, 73,* 153-162.

Murphy, G., & Robins, E. (1967). Social factors in suicide. *Journal of the American Medical Association, 199,* 303-308.

National Center for Health Statistics. (1984). *Health, United States,* DHHS Pub. No. (PHS) 85-1232. Public Health Service. Washington, DC: Government Printing Office.

National Center for Health Statistics. (1986). *Health promotion data for the 1990 objectives*, No. 126. DHHS Pub. No. (PHS) 86-1250. Washington, DC: Government Printing Office.

National Heart, Lung, and Blood Institute. (1982). Management of patient compliance in the treatment of hypertension. *Hypertension, 4*, 415-423.

Neser, W. B., Tyroler, H. A., & Cassel, J. C. (1971). Social disorganization and stroke mortality in the Black population of North Carolina. *American Journal of Epidemiology, 93*, 166-175.

Newacheck, P. W., & Halfon, N. (1986). The association between mother's and children's use of physician services. *Medical Care, 24*, 30-38.

Newman, M. A. (1983). A continuing revolution: A history of nursing science. In N. L. Cvhaska (Ed.), *A time to speak*. New York: McGraw-Hill.

Nolte, A. E., Smith, B. J., & O'Rourke, T. (1983). The relationship between health risk attitudes and behavior upon youth smoking behavior. *Journal of School Health, 53*, 234-240.

Norbeck, J. S., & Tilden, V. P. (1983). Life stress, social supports, and emotional disequilibrium in complications of pregnancy: A prospective, multivariate study. *Journal of Health and Social Behavior, 24*, 30-46.

Northouse, L. (1984). The impact of cancer on the family: An overview. *International Journal of Psychiatry in Medicine, 14*, 215-242.

Nuckolls, K. B., Cassel, J., & Kaplan, B. H. (1972). Psychosocial assets, life crisis and the prognosis of pregnancy. *American Journal of Epidemiology, 95*, 431-441.

Oberst, M. T., & James, R. H. (1985, April). Going home: Patient and spouse adjustment following cancer surgery. *Topics in Clinical Nursing*, pp. 46-57.

O'Brien, R. (1986, August 7). *Role of social support during the first year of bereavement*. Paper presented at the Department of Family Medicine Grand Rounds, Rochester, New York.

Ockene, J. K., Nuttall, R. L., Benfari, R. S. et al. (1981). A psychosocial model of smoking cessation and maintenance of cessation. *Preventive Medicine, 10*, 623-638.

Oliveri, M. E., & Reiss, D. (1984). Family concepts and their measurement: Things are seldom what they seem. *Family Process, 23*, 33-48.

Olsen, J. (1970). The impact of serious illness on the family system. *Postgraduate Medicine, 47*, 169-174.

Olson, D. H. (1986). Circumplex model VII: Validation studies and FACES III. *Family Process, 25*, 337-351.

Olson, D. H., Portner, J., & Lavee, Y. (1985). *FACES III*. St. Paul: University of Minnesota, Family Social Science.

Olson, D. H., Sprenkle, D. H., & Russel, C. S. (1979). Circumplex model of marital and family systems: I. Cohesion and adaptability dimensions, family types, and clinical applications. *Family Process, 18*, 3-28.

Orr, D. P., Golden, M. P., Myers, G., & Marrerro, D. G. (1983). Characteristics of adolescents with poorly controlled diabetes referred to a tertiary care center. *Diabetes Care, 6,* 170-175.

Osterweis, M., Bush, P. J., & Zuckerman, A. E. (1979). Family context as a predictor of individual medicine use. *Social Sciences and Medicine, 13A,* 287-291.

Osterweis, M., Solomon, F., & Green, M. (Eds.). (1984). *Bereavement: Reactions, consequences, and care.* Washington, DC: National Academy Press.

Parkes, C. M. (1964). Effects of bereavement on physical and mental health: A study of the medical records of widows. *British Medical Journal, 2,* 274-279.

Parkes, C. M., Benjamin, B., & Fitzgerald, R. G. (1969). Broken heart: A statistical study of increased mortality among widowers. *British Medical Journal, 1,* 740-743.

Parkes, C. M., & Brown, R. J. (1972). Health after bereavement: A controlled study of young Boston widows and widowers. *Psychosomatic Medicine, 34,* 449-461.

Parkes, C. M., & Weiss, R. S. (1983). *Recovery from bereavement.* New York: Basic Books.

Pasnau, R. O., & Hollingsworth, C. E. (1977). Mourning in the health care team. In C. E. Hollingsworth & R. O. Pasnau (Eds.), *The family in mourning: A guide for health professionals.* New York: Grune & Stratton.

Patterson, J. M., & McCubbin, H. I. (1983). Chronic illness: Family stress and coping. In C. R. Figley & H. I. McCubbin (Eds.), *Stress and the family: Vol. 2. Coping with catastrophe.* New York: Brunner/Mazel.

Paykel, E. S., Myers, J. K., Dienelt, M. N., & Klerman, G. L. (1969). Life events and depression: A controlled trial. *Archives of General Psychiatry, 21,* 753-760.

Pearce, J. W., LeBow, M. D., & Orchard, J. (1981). Role of spouse involvement in the behavioral treatment of overweight women. *Journal of Consulting and Clinical Psychology, 49,* 236-244.

Pearlin, L. I., Menaghan, E. G., Lieberman, M. A., & Mullan, J. T. (1981). The stress process. *Journal of Health and Social Behavior, 22,* 337-365.

Penn, P. (1983). Coalitions and binding interactions in families with chronic illness. *Family Systems Medicine, 1,* 16-25.

Pless, I. B., & Satterwhite, B. B. (1973). A measure of family functioning and its application. *Social Science and Medicine, 7,* 613-621.

Pratt, L. (1976). Family structure and effective health behavior: The energized family. Boston: Houghton-Mifflin.

Price, R. A., Chen, K. H., Cavalli, S. L. et al. (1981). Models of spouse influence and their applications to smoking behavior. *Social Biology, 28,* 14-29.

Rabkin, J. G., & Struening, E. L. (1976). Life events, stress and illness. *Science, 194,* 1013-1020.

Ransom, D. C. (1981). The rise of family medicine: New roles for behavioral science. *Marriage and Family Review, 4,* 31-72.

Rand, C.S.W., Kuldau, J. M., & Robbins, L. (1982). Surgery for obesity and marriage quality. *Journal of the American Medical Association, 247,* 1419-1422.

Reiss, D. (1981). *The family's construction of reality.* Cambridge, MA: Harvard University Press.

Reiss, D., Gonzalez, S., & Kramer, N. (1986). Family process, chronic illness, and death. *Archives of General Psychiatry, 43,* 795-804.

Ritchie, K. (1981). Research note: Interaction in the families of epileptic children. *Journal of Child Psychology and Psychiatry, 22,* 65-71.

Robach, H. B. (Ed.). (1984). *Helping patients and their families cope with medical problems.* San Francisco: Jossey-Bass.

Roghmann, K. J., & Haggerty, R. J. (1973). Daily stress, illness, and use of health services in young families. *Pediatric Research, 7,* 520-526.

Rolland, J. S. (1984). Toward a psychosocial typology of chronic and life threatening illness. *Family Systems Medicine, 2,* 245-262.

Rolland, J. S. (1987). Chronic illness and the life cycle: A conceptual framework. *Family Process, 26,* 203-222.

Ross, J. L., & Phipps, E. (1986). Physician-patient power struggles: Their role in noncompliance. *Family Medicine, 18,* 99-101.

Ruberman, W., Weinblatt, E., Goldberg, J. D., & Chaudhary, B. S. (1984). Psychosocial influences on mortality after myocardial infarction. *New England Journal of Medicine, 311,* 552-559.

Sabbeth, B. (1984). Understanding the impact of chronic illness on families. *Pediatric Clinics of North America, 31,* 47-57.

Sabbeth, B., & Leventhal, J. M. (1984). Marital adjustment to chronic childhood illness: A critique of the literature. *Pediatrics, 73,* 762-768.

Saccone, A. J., & Israel, A. C. (1978). Effects of experimental versus significant other-controlled reinforcement and choice of target behavior on weight loss. *Behavior Therapy, 9,* 271-278.

Sackett, D. L., Anderson, G. D., Milner, R., Feinleib, M., & Kannel, W. B. (1975). Concordance for coronary risk factors among spouses. *Circulation, 52,* 589-595.

Sargent, A. J. (1983). The sick child and the family. *Journal of Pediatrics, 102,* 982-987.

Schaffer, H. R. (1964). The too cohesive family: A form of group pathology. *International Journal of Social Psychology, 10,* 266-275.

Schleifer, S. J., Keller, S. E., Camerino, M., Thornton, J. C., & Stein, M. (1983). Suppression of lymphocyte stimulation following bereavement. *Journal of the American Medical Association, 250,* 374-377.

Schutz, W. C. (1958). *FIRO: A three dimensional theory of interpersonal behavior.* New York: Holt, Rinehart & Winston.

Shouval, R., Ber, R., & Galatzer, A. (1982). Family social climate and the health status and social adaptation of diabetic youth. *Pediatric Adolescent Endocrinology, 10,* 89-93.

Silverman, P. R. (1970). The widow as caregiver in a program of preventive intervention with other widows. *Mental Hygiene, 54,* 540-547.

Singer, M. T., & Wynne, L. C. (1965a). Thought disorder and family relations of schizophrenia: III. Methodology using projective techniques. *Archives of General*

*Psychiatry, 12,* 187-200.

Singer, M. T., & Wynne, L. C. (1965b). Thought disorder and family relations of schizophrenia: IV. Results and implications. *Archives of General Psychiatry, 12,* 201-212.

Solow, C., & Silberfarb, P.M.S.K. (1974). Psychosocial effects of intestinal bypass surgery for severe obesity. *New England Journal of Medicine, 290,* 300-304.

Stanton, M. D., & Todd, T. C. (1982). *The family therapy of drug abuse and addiction.* New York: Guilford.

Starr, P. (1982). *The social transformation of American medicine.* New York: Basic Books.

Steinglass, P., Temple, S., Lisman, S., & Reiss, D. (1982). Coping with spinal cord injury: The family perspective. *General Hospital Psychiatry, 4,* 259-264.

Strickland, R., Allstrom, J., & Davidson, J. (1981). The negative influence of families on compliance. *Hospital and Community Psychiatry, 5,* 349-350.

Stuart, R. B., & Davis, B. (1972). *Slim chance in a fat world: Behavioral control of obesity.* Champaign, IL: Research Press.

Stunkard, A. J., Sorensen, T.I.A., Hanis, C. et al. (1986). An adoption study of human obesity. *New England Journal of Medicine, 314,* 193-201.

Susser, M. (1981). Widowhood: A situational life stressor or a stressful life event. *American Journal of Public Health, 71,* 793-795.

Sussman, M. B. (1976). The family life of old people. In R. H. Binstock & E. Shanas (Eds.), *Handbook of aging and the social sciences.* New York: Van Nostrand Reinhold.

Sutton, G. (1980). Assortive marriages for smoking habits. *Annals of Human Biology, 7,* 449-456.

Swartz, D. R. (1984). Dealing with chronic illness in childhood. *Pediatrics in Review, 6,* 67-73.

Tolle, S. W., & Girard, D. E. (1983). The physician's role in the events surrounding patient death. *Archives of Internal Medicine, 143,* 1447-1449.

Tolle, S. W., Bascom, P. B., Hickam, D. H., & Benson, J. A. (1986). Communication between physicians and surviving spouses following patient deaths. *Journal of General Internal Medicine, 1,* 309-314.

Tolle, S. W., Elliot, D. L., & Hickam, D. H. (1984). Physician attitudes and practices at the time of patient death. *Achives of Internal Medicine, 144,* 2389-2391.

Tolle, S. W., & Girard, D. W. (1983). The physician's role in the events surrounding patient death. *Archives of Internal Medicine, 143,* 1447-1449.

Turk, D. C., & Kerns, R. D. (Eds.). (1985). *Health, illness, and families: A life-span perspective.* New York: John Wiley.

Turk, D. C., Litt, M. D., & Salovey, P. (1985). Seeking urgent pediatric treatment: Factors contributing to frequency, delay, and appropriateness. *Health Psychology, 4,* 43-59.

Tyroler, H. A., Johnson, A. L., & Fulton, J. T. (1965). Patterns of preventive health behavior in populations. *Journal of Health and Human Behavior, 6,* 128-140.

U.S. Department of Commerce. (1980). *Statistical Abstracts of the United States* (101s.d.S.P.-25,N.802,888). Washington, DC: Government Printing Office.

U.S. Department of Health, Education & Welfare. (1976). *Teenage smoking, national patterns of cigarette smoking, ages 12-18, in 1972 & 1974*, DHEW Publication No. (NIH) 76-931. Bethesda, MD: NIH.

van der Veen, F. (1965). The parent's concept of the family unit and child adjustment. *Journal of Consulting Psychology, 12*, 196-200.

Ramsey, C. N., Abell, T. D., & Baker, L. C. (1986). The relationship between family functioning, life events, family structure and the outcome of pregnancy. *Journal of Family Practice, 22*, 521-527.

Vaughn, C. E., & Leff, L. P. (1976). The influence of family and social factors on the course of psychiatric illness: A comparison of schizophrenic and depressed neurotic patients. *British Journal of Psychiatry, 129*, 125-137.

Venters, M. H., Jacobs, D. R., Luepker, R. V., Maiman, L. A., & Gillum, R. F. (1984). Spouse concordance of smoking patterns: The Minnesota heart survey. *American Journal of Epidemiology, 120*, 608-616.

Verbrugge, L. M. (1977). Marital status and health. *Journal of Marriage and the Family, 7*, 267-285.

Walker, G. (1983). The pact: The caretaker-parent/ill-child coalition in families with chronic illness. *Family Systems Medicine, 1*, 6-29.

Wasow, M. (1985). Chronic schizophrenia and Alzheimer's disease: The losses for parents, spouses and children compared. *Journal of Chronic Disease, 38*, 711-716.

Watzlawick, P., & Coyne, J. C. (1980). Depression following stroke: Brief, problem-focused family treatment. *Family Process, 19*, 13-18.

Weakland, J. H. (1977). Family somatics: A neglected edge. *Family Process, 16*, 263-272.

Weakland, J. H., & Fisch, R. (1984). Cases that "don't make sense": Brief strategic treatment in medical practice. *Family Systems Medicine, 2*, 125-136.

Weiss, S. T., Tager, T. B., Schenker, M., & Speizer, F. E. (1983). The health effects of involuntary smoking. *Annual Review of Respiratory Disease, 128*, 933-942.

Wellisch, D. K., Mosher, M. B., & Van Scoy, C. (1978). Management of family emotion stress: Family group therapy in a private oncology practice. *International Journal of Group Psychotherapy, 28*, 225-232.

West, D. W., Graham, S., Swanson, M., & Wilkinson, G. (1977). Five year follow-up of a smoking withdrawal clinic population. *American Journal of Public Health, 67*, 536-544.

White, K., Kolman, M. L., Wexler, P., Polin, G., & Winter, R. J. (1984). Unstable diabetes and unstable families: A psychosocial evaluation of diabetic children with recurrent ketoacidosis. *Pediatrics, 73*, 749-755.

Wilber, J. A., & Barrows, J. S. (1972). Hypertension—a community problem. *American Journal of Medicine, 52*, 653-663.

Williams, R. M., Lane, J. D., Kuhn, C. M. et al. (1982). Type A behavior and elevated

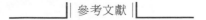 

physiological and neuroendocrine responses to cognitive tasks. *Science, 218*, 483-485.

Wilson, G. T., & Brownell, K. (1978). Behavior therapy for obesity: Including family members in the treatment process. *Behavior Therapy, 9*, 943-945.

Wishner, W. J., & O'Brien, M. D. (1978). Diabetes and the family. *Medical Clinics of North America, 62*, 849-856.

Wright, L. M., & Leahey, M. (1984). *Nurses and families*. Philadelphia: F. A. Davis.

Wynne, L. C., & Singer, M. T. (1963a). Thought disorder and family relations of schizophrenics. I. A research study. *Archives of General Psychiatry, 9*, 191-198.

Wynne, L. C., & Singer, M. T. (1963b). Thought disorder and family relations of schizophrenics. II. A classification of forms of thinking. *Archives of General Psychiatry, 9*, 199-206.

Zola, I. K. (1972). Studying the decision to see a doctor. *Advances in Psychosomatic Medicine, 8*, 216-236.

Zuckerman, D. M., Kasl, S. V., & Ostfeld, A. M. (1984). Psychosocial predictors of mortality among the elderly poor: The role of religion, well-being, and social contact. *American Journal of Epidemiology, 119*, 410-423.

# 關於作者

*William J. Doherty*

　　William J. Doherty於1978在Connecticut大學從事家庭研究，獲得醫學博士學位。自從那時，他花更多的時間在Iowa大學和Oklahoma大學家庭醫學部門工作。在1986，他加入Minnesota大學家庭社會科學部門的教職團，從事家庭與健康問題的教學與研究。他亦在Minnesota大學醫學系舉辦「家庭實習和社區健康部門」的討論會。他是一位活躍的婚姻和家庭治療師，他與人合作共同寫了這領域的三本書：《家庭治療和家庭醫學：朝向家庭的主要照護》（與Macaran A. Baird合著）、《家庭中心的醫療護理：臨床個案手冊》（與Macaran A. Baird合著）、和《家庭醫學：一個理論的成熟》（與Charles Christianson和Marvin Sussman合著）。

*Thomas L. Campbell*

　　Thomas L. Campbell在1979年獲得Harvard大學學士學位，也在Harvard醫學院取得M. D.（醫學位）。他在Rochester大學醫學和牙醫學系完成家庭醫師實習，和其生心醫學學位。自1983年以來，他一直在Rochester大學家庭醫學院和精神醫學院中擔任副教授，教授家庭實習醫師家庭系統醫學。他的興趣包括家庭在醫學中的角色和研究家庭對生心健康的影響。最近他寫了一本專題論文，《家庭對健康的衝擊》（*Families Impact on Health*）給全國心理健康機構。他在家庭的研究工作已被大家肯定，同時他也是家庭醫學教授社團重要的一員。

本書由 Sage Publishing, Inc.授權發行國際中文版

Copyright © 1988 by Sage Publications, Inc.

Chinese Language Copyright 1998, Yang-Chih Book Co., Ltd.

家庭與健康　　　　　　　　　　　　　　　家庭叢書 10

著　　者☞William J. Doherty

　　　　　Thomas L. Campbell

譯　　者☞張惠芬

出 版 者☞揚智文化事業股份有限公司

發 行 人☞葉忠賢

責任編輯☞賴筱彌

執行編輯☞范維君

登 記 證☞局版北市業字第 1117 號

地　　址☞台北市新生南路三段 88 號 5 樓之 6

電　　話☞886-2-23660309　886-2-23660313

傳　　真☞886-2-23660310

郵政劃撥☞14534976

印　　刷☞偉勵彩色印刷股份有限公司

法律顧問☞北辰著作權事務所　蕭雄淋律師

初版一刷☞1998 年 4 月

Ｉ Ｓ Ｂ Ｎ☞957-8446-54-3

定　　價☞新台幣 150 元

E-mail☞ufx0309@ms13.hinet.net

版權所有　翻印必究

本書如有缺頁、破損、裝訂錯誤，請寄回更換。

國家圖書館出版品預行編目資料

家庭與健康 / William J. Doherty, Thomas L. Campbell 著
　　張惠芬譯.　--初版.--臺北市：揚智文化 ,1998[民 87]
　　面：公分. –(美容叢書：10)
　　含參考書目
　　譯自 : Families health
　　ISBN 957-8446-54-3(平裝)


　1.家庭醫學

　　429　　　　　　　　　　　　86015527